BIOPHILIA

生命绽放

克里斯的自然艺术

［美］克里斯托弗·马利（Christopher Marley）　著

王建赟　译

CTS K 湖南科学技术出版社·长沙

CONTENTS

目录

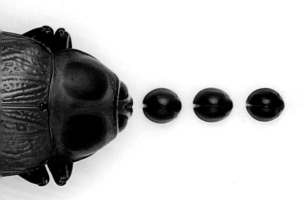

VIRAL AFFECTION

序言

燎原之爱

我们都已沉沦

眷恋自然（biophilia），是一种我们每个人都或多或少受其影响的"症状"。它并不是一种疾病（不过如果它是的话，我一定病得不轻），而是人类对其他所有有生命的、会呼吸的世间万物本能的亲近感。英文"biophilia"字面上的含义是"对生命的热爱"，这个单词出自精神分析学家兼哲学家埃里希·弗洛姆（Erich Fromm）的《人类的破坏性剖析》（*Anatomy of Human Destructiveness*）一书，书中将其定义为"对生活的热爱以及对所有生命深切的关爱"。亲近自然是一种深入骨髓、让人难以抗拒的情愫，也很可能是引领亲爱的你阅读本书的缘由。

作为人类，虽然我们在生态系统中高居食物链的顶端，但我们依然对其他生灵保有天生的喜爱。我从没见过也想象不出会有那种无法从大自然中感受快乐和满足、对任何动植物都感到厌恶的人。如果真有这种人，那么他或她的生活一定非常可悲，或者是个彻头彻尾的恶人。

正是对自然的眷恋，引领我们发现了太多美好的事物，给我们的心灵带来无限慰藉。我们并不仅仅因大自然有美的一面才去热爱她；我们能从自然中发现美好，是因为我们本身就属于自然，而自然也融入了我们的生活。我们爱护自然、珍视自然、认真地对待自然，就如同珍爱自己的身体那样，实乃天经地义的事。在当下，关于到底应该采取什么方式才能最有效地保护自然，以及如何最大限度地在人类索求与自然生态完整性之间寻求平衡，类似的争论早已沸反盈天（我对此深有体会），但对自然界的不敬或者蓄意破坏无疑违背了我们的本性，正如自轻自贱有违人性。

关于眷恋自然的起源有多种说法。著名生物学家爱德华·奥斯本·威尔逊（Edward Osborne Wilson）认为，这是我们人类世代演化的必然结果，是那段仰赖自然为生、靠天吃饭的漫长历史留下的本能的烙印——即便人类社会已经越来越城市化，这种本能仍代代相传。另一种观点则认为，眷恋自然是人类对与我们共享地球家园的其他生灵的敬畏和感恩，这是刻在我们最原始DNA里无法抹去的天性。我个人赞同后者，但不论这种感情是与生俱来还是演化习得，毋庸置疑的是，作为一个物种，我们对这个星球负有管理之责。生而为人，我们天然地对周遭的生命系统存在欣赏、共情和喜爱之情，这无疑能帮助我们去完成此项重任。幸运的是，人类与自然的关系是互惠共生的。我们越是了解、欣赏以及关爱自然，就越能从中获得更多的安宁、满足和愉悦，就像我们会情不自禁地爱上那些我们真正理解并为之付出的人。正如世间一切的善良，我们付出的越多，得到的回报也越多。

作为一个严重罹患"慢性痴恋自然综合征"的艺术工作者，我曾遍访全球，去探索、研究和寻找精美的自然之物，并将采集到的标本融入作品中，分享给越来越庞大的互联网世代人群。我从最轻车熟路的昆虫类开始，但同样也流连于自然的每一处美妙角落——动物、植物和矿物。

热爱源自何处？

15 年前，当我开始尝试用节肢动物作为素材来进行艺术创作时，我并不确定人们是否愿意将这类生物带回家，即使那是一件艺术品。有次我在美国加利福尼亚州赫莫萨比奇的一个画廊办展，我发现每个来看展的人都迫不及待地分享自己与虫子邂逅的故事——其中大多是糟糕的回忆。这类话题频频被提及，以至于我这小小的展馆仿佛变成了让大家宣泄自己昆虫恐惧症的疗愈室。后来我参加了很多场线下交流，也经历了不少签售和演讲活动，我开始发觉人与虫之间的缘分是多么地寻常而且难以磨灭。

至少从表面看，我们天生就与周遭其他生命形式息息相关，这是一种爱恨交织的关系。毫无疑问，变化多端而又无处不在的昆虫是大自然的最佳代表，然而人类社会却很少对昆虫产生特别的崇拜，自然疗法中也鲜少用到昆虫。假如说人类注定与其他生命休戚与共，那为何我们又普遍对最常见的生物类别心怀厌憎呢？

我自己也不例外。就像在《信息素》（*Pheromone*）一书里曾提到的，我在人生的前三十年里一直对昆虫充满难以名状的恐惧。但当我将昆虫元素纳入艺术创作以后，情况发生了戏剧性的逆转——我变得疯狂痴迷于昆虫。然而，就算是我，这种从恐虫到爱虫的转变也常常像精神分裂般反复切换，令人窘迫。

这里讲个小故事，几年前我和好友吉米·弗洛特（Jimmy Flott）在哥斯达黎加共事，他是研究中美洲地区金龟类昆虫的专家。当时有人想把我离奇的职业经历制作成一个真人秀节目（显然这在真人秀业界也荒诞十足），我们打算在一个完全原生态的地方采集和拍摄。通常这里是不对外国人开放的，但吉米拿到了让我们在当地部落摄制的许可。我们抬着便携发电机，拎着高压汞灯进入深山。天黑时一亮灯，便诱来了各种各样的昆虫——体型巨大的，长相怪异的，以及有毒的。整个晚上我们两人都在暗暗较劲，看看到底谁能采集到最大最奇葩的昆虫，最终，英勇无畏的我成了当晚的胜者。我抓获了一只凶猛的长臂天牛 *Acrocinus longimanus*，其个头之大前所未见，任谁也不想被它那强有力的口器咬上一口。可是我那从娘胎里带来的恐虫症却没有发作——直到我们关掉发电机，准备小憩片刻时，我才后知后觉地犯起老毛病。在黑洞洞的夜里，我干瞪着双眼，怎么也睡不着，生怕我一合眼就会有什么东西爬到脸上。即便当时我已经在世界各地的丛林里积累了十多年的昆虫采集经验，也还是没能摆脱童年的梦魇。我顿时觉得自己像个傻瓜。

我已经非常清楚地认识到，面对节肢动物，人们总是爱恨分明，很少存在中间地带。它们实在是过于另类，只能勉强地被包容在我们对自然之爱的宽泛概念里。节肢动物像是无处不在、令人不安的不速之客——这种不请自来的冒犯让人类对它们产生了抵触——而我们又无法忽视它们的存在。这有点像是讨人嫌的亲戚，我们从心底不想与之打交道，但他们仍然是我们的家人。这种矛盾的情感似乎一直困扰着我们。

科学界亦未能免俗

在了解到大众普遍将昆虫视为异类的同时，我注意到学术界在关于昆虫和其他动物类别的研究上也存在着明显的差异。

在主流的动物学分支中，人们主要是为了研究对象本身而关注它们，以便更充分地理解动物的行为，更准确地确定其分类地位，尤其是更好地保护它们。比如爬行动物学家去观察巨蜥，鸟类学家连年追踪鸸鹋、蕉鹃和凤头鹦鹉，鲸类学家研究须鲸——所有这些研究关心的都是动物自身的权利，并试图保护"它们"免受"我们"的伤害。

但在节肢动物领域，情况却正好相反。多数昆虫学家更关注昆虫给人类生活带来不便的方面。我们去深入了解昆虫的行为，为的是要让"我们"的生活更加舒适。昆虫为什么会破坏我们的房屋？它们是如何传播人类疾

病的？它们的生命周期能为我们提供哪些关于死亡或犯罪的信息？农林害虫是如何危害我们的作物和林业生产的？在昆虫学领域，为人类利益而立项的研究比比皆是，也许比动物学其他任何分支都更多。然而，很少有研究关注昆虫对人类情感和心灵的影响。人类对昆虫根深蒂固的见解不能简单地解释成"与生俱来的恐惧"或"代代相传的成见"。根据我的经验，人与昆虫之间的爱恨情仇是非常复杂且深奥的。

昆虫心理学还是心理昆虫学？

我曾和很多关注我艺术事业的人们进行交流并为之感动，当然其中有褒扬并购买作品的收藏者，也有不屑一顾的批评者，管中窥豹，我意识到在讨论节肢动物时，最能看出人们对自然事物态度的分歧。

我有一位主顾是照顾重度心理创伤儿童的心理治疗师，她经常在互动课堂上使用昆虫标本。在和患者进行角色扮演游戏时，她会用丑怪的虫子饰演反面角色，用漂亮的虫子饰演正面角色。她发现，相较于传统的角色扮演游戏，这种方式往往能更有效地帮助受创伤的孩子打开心扉表达自己。

在旧金山的一次新书签售会上，有位妈妈泪眼婆娑地对我说，她非常感激能以这么美好的方式来怀念她那不久前因白血病过世的小女儿。那个孩子是个小昆虫迷，和她一起追逐蝴蝶是这对母女共享的快乐之一。

有位可爱的女演员给我讲过一段她在桑德斯剧院亲身经历的小故事。当时她正在舞台上表演，一段独白的过程中，正巧一只虎凤蝶落在她的手上并停留了一分多钟。她真诚地对我说，那一刻她必须努力压抑着兴奋的心情才能把台词讲完，而不是中途停下来享受这段奇遇。

有必要强调一下，类似这种难忘的经历并不只发生在普通人身上。查尔斯·达尔文（Charles Darwin）、威尔逊和伯纳德·达布雷拉[1]（Bernard d'Abrera）这些科学家也都曾提到，他们探索自然的信念，要么缘起于与昆虫的邂逅，要么因此而变得更加坚定。所以对我来说，弄清楚昆虫对人类情感和心理的影响，以及昆虫在我们眷恋自然的概念中应给予的地位，就变得非常有意义。

用美好破除偏见

节肢动物门的物种数量数以百万计，简直令人眼花缭乱，这让我们本能地对这个类群有所感触，也使我们很难完全了解它们。大约 300 年前，卡尔·林奈（Carl Linnaeus）创立了一个易于理解的分类系统来对全球物种进行分门别类，时至今日，这种驱动林奈为万物分类的欲望仍存在于我们每个人心中。但节肢动物的多样性简直不可思议，直至今日也没能整理出一份完整的物种名录。昆虫学界甚至对已经描述过的种类数量都无法达成一致意见，未知物种的数量更是未解之谜。节肢动物在体色、体型、结构、纹理及行为等方面的多样性都大大超出了其他动物类群。这种神秘感让人们对这类生命浮想联翩而又满怀疑惑。我们总是对它们敬而远之，却又（即使只是在潜意识里）好奇不已。

我们需要一套合理的参照系统来处理这个无处不在而又杂乱无章的类群，并以我们对自然生命的热爱来调和对虫子的偏见。在我看来，要想让我们张开双臂接纳那些被严重丑化的生物，最有效的办法是提升人们对它们的审美认知。这也是我的作品所提供的最有价值的意义之一。我发现，精心构筑的作品能让大众更轻松地理解其主题，好比随机的音符在编排成美妙的乐曲后，能让人不由自主地产生共鸣。一旦懂得怎样去欣赏昆虫的美，人们过去对它的偏见和刻板印象就会迅速瓦解。当人们在一个曾经以为只有无趣、反感，甚至恐惧的神秘生物世界里找到美好的一面时，大家对整个节肢动物类群的看法也一定会有所改观。

我"几乎"完全同意塞内加尔环保主义者巴巴·迪乌姆（Baba Dioum）的名言："最终，我们只会去保护那些我们所热爱的事物，也只会去热爱那些我们所理解的事物，而理解的限度，取决于我们被教授了多少。"唯有最后一句，我不敢苟同。我认为，我们真正理解的，只有亲身体验的一切。大众不需要被谁教导应该怎样去对待神秘的昆虫世界，我们对昆虫的情感投入已经非常充分。其实人们只是需要与这些生物进行容易理解的接触的机会。我敢说这种类型的体验活动一定能让大众对自然的理解更加深入，从而敬畏自然，热爱自然。如果我的工作能让大家对昆虫（以及其他任何骇人的生物）产生新的认识和欣赏，哪怕除此之外再无益处，我也心满意足。我永远也不会忘记自己投身此项事业的初心：因为这些作品能给人们——包括我和其他人——带来愉悦。

但愿我们对自然的眷恋能更加浓烈！以我的经验，这种热爱能够相互传染，并抚慰人心。

---

1. 1940—，英裔澳大利亚昆虫学家，尤以蝴蝶研究见长，命名过多种蝴蝶，著有《世界蝴蝶简明图谱》（*Concise Atlas of the Butterflies of the World*）。

RECLAMATION

前言

涅槃重生
以及追求善果的标本制作

我厌恶杀戮。我自小生活在狩猎家庭，也曾有过一些打猎的经历。我尊敬每一位优秀而克制的猎人，他们是实用环保主义者的典范，更是最初一批投身自然保护的人。狩猎活动中有我喜爱的内容，我可以深入荒野，去观察生机盎然的自然界，近距离感受野生动物的生活。唯有猎物死亡的过程非我所好——当生命消逝时，我总是会感到强烈的失落，始终无法释怀。那是一种沉重又凄美的感觉。这种情绪当然并非毫无价值，但对我来说也绝非愉快的体验。

我甚至不愿去结束一只昆虫的生命。虽然有点难堪，但我得承认在捕捉到样本时，我基本上都是交给身边的采集队员帮忙处理的，至今依然如此。因此在大约十五年前，我决定把昆虫标本纳入艺术创作，开创自己独具特色的艺术范式时，总是带着一股别扭劲儿。昆虫在当下社会环境中非常不受待见，它们与这个精密运作的现代文明世界格格不入，虽然这种冲突带给我很多艺术灵感，但我内心的矛盾仍然无法调和。任何艺术化的阐释都无法真正表达自然之美，我非常确信这一点。因此，我始终认为真实的标本才是表达自然艺术的最佳材料。但对生命的褫夺是一种沉重而严肃的负担，即便是一只虫子——这一点无可逃避。

好在，随着我对昆虫生态学逐渐有所了解，我开始明白，常规的采集方法是不会导致一个昆虫物种过度消耗的。

作为食物链底层的类群，昆虫拥有强大的繁殖能力，从而能够供养整片森林。所以说，一名采集者，乃至一个采集队，拿着捕虫网在丛林中兜个几圈，都很难对昆虫总体的数量产生实质性影响。导致全球昆虫种群下降的真正威胁是栖息地的破坏。一旦某种昆虫的栖息地或寄主植物遭到毁灭，整个种群都有可能在短时间里覆灭，而有的昆虫已经经历过这种灾难。在一定程度上，商业化的昆虫采集可以提供额外的就业机会，给当地居民带来更多的经济收益，从而缓解自然栖息地被开垦成农田的压力，使生活其中的物种得到保护。尽管听上去有点自私自利，但事实就摆在这里：昆虫采集活动对野外昆虫种群的恢复以及栖息地的保护是有益的。我支持组建的昆虫爱好者团体在采集目标物种的同时，实际上也有助于保护那些物种，这一事实令我感到非常满意。

遗憾的是，合理的昆虫采集带来的生态效益并不适用于脊椎动物类群。除了极少数例外，脊椎动物没有像昆虫那样强大的繁殖能力，它们的生存也不依赖于单一寄主。从生态学角度看，一个脊椎动物个体的生命价值几乎总是比一个昆虫个体的要高，因为脊椎动物的更新换代要比昆虫难得多。因此，如果要忠于自己的良心，我对自然界的表达理应仅从节肢动物类群发轫。

不过几年前，有一次我去父亲的鸟舍闲逛的时候突然顿悟了。早在我出生之前，父亲就一直热衷于繁育稀有羽色的中型澳洲鹦鹉。我不知道他为何对此产生了那么强烈而专注的劲头，但他不断精进繁育技术并优化鸟舍，将自己的水平提升到了业内一流。那天我像往常一样，随手打开一个冰箱，那里存着给他那些宝贝鸟儿特供的新鲜水果蔬菜，但我仿佛头一次注意到，冷冻室里还冻着些华丽的死鸟：一只紫头鹦鹉、一些雀类和几只玫瑰鹦鹉。在我小时候，冻在冷冻室里的死鸟就跟冻排骨一样常见，但此时我开始好奇父亲将它们冻存起来的原因。生命总会消逝，如果有人像我父亲一样养着一大群鸟的话，就会理所当然地接受这一点。但对父亲而言，每只爱鸟的去世都是真正的伤逝，有时还是相当严重的伤逝。父亲并没有把他的鸟当作宠物豢养，而是想为每只鸟提供健康、不受干扰且幸福自在的生活，因此他感受到的失落之痛并不完全是出于私人情感或是财产的损失。我相信那只是因为逝去的是一条鲜活的生命，而我的父亲珍视生命。这就是为什么他如此热衷于这项爱好，也是当他养的动物死掉时，不能立刻把它们扔进垃圾桶的原因——在最后的告别之前，情感上必须有一段过渡时期。因此，小时候的我和兄弟姐妹们总要从一堆冻得硬邦邦的鸟下面翻找冰棍儿，对此我们也习以为常。

我忽然明白，在某种程度上，我已经从渴望得到各种生灵的肌体但又不愿杀生的两难处境中找到出口了。以父亲的

鸟儿为例，至少我可以选用自然死亡的个体来制作艺术标本。虽然这样一来，原材料的供应可能会非常稀缺并且时断时续，但总算是个开始。这种变废为宝的方式让我很有成就感。我可能在保护物种方面没有什么建树，但我能留住一个生命鲜活时的绚丽，避免让这种美葬入蠹虫之口。

在花了几个月的时间仔细梳理多年来积累的人脉关系之后，我欣然发现还有不少人和机构，比如动物饲养员、鸟舍、水族馆、保护区和动物园也有类似的做法。保留和展现珍稀鸟类、爬行动物以及其他脊椎动物之美的机会就这样来了。我大喜过望！

像我父亲一样，许多与我一起合作的人确实也无法解释为什么他们要保留动物遗骸（除了经常应付的那句"我本来打算留着进行尸检，以便查明死亡原因，但一直没时间去做"）。然而，我猜他们这么做的理由其实是同一个：所有的这些人和机构都在全心全意地保护、供养和热爱生命——那些他们最着迷和最亲近的生灵的命。这些生命存在的意义远高于单纯的金钱或陪伴价值，而那个曾承载着生命的躯体不会仅仅因丧失生机就立刻变得一文不值。人们很难接受死亡，因此，为了缓解丧失之痛，有些人和机构会将他们逝去的心爱之物冻存起来。而对其中一些人来说，我的工作正是他们所期待的替代选择，好让这些宝物免于被蠹虫糟蹋。

INSECTS

昆虫

在我十九岁时，曾收到一封信，通知我前往智利的阿塔卡马沙漠完成两年的传教任务。显然，我的第一反应是："哦不！那个地方是不是会有很多虫子？"

我经历的第一次虫子大洗礼发生在边境小城阿里卡。那时我租住在一个当地家庭中，房东家里有两个小男孩。刚到的那天晚上，我正准备睡下，一个看起来像是来自中土世界的"怪物"从我房间的墙上爬过，穿过一个小洞，钻进了隔壁的儿童房。我赶紧从床上下来，穿过屋子，大叫着让大家都快出来。

当一家人惊慌失措地跑出来并试图理解我凌乱的英式夹生西班牙语时，那个四岁的娃娃一边提着一只异形般的蟑螂的触角一边走过来。"你说的不会是这个吧？"他难以置信地问，还把挣扎扭动的大怪物怼到我面前。令人崩溃的是，这些蟑螂在我面前简直肆无忌惮。我会在各种意想不到的地方发现它们，简直是冤家路窄——它们会藏进我拉链紧闭的洗漱包里，或者潜伏在床单下面——也不知为什么，它们似乎总爱躲在我的靴子里。这一点都不好笑，我是认真的。

当我来到繁华的安托法加斯塔市后，情况更加糟糕，因为我搬进了一家廉价旅馆，旅馆天台上还养着七只脏兮兮的狗。我每天晚上都会被满身的跳蚤弄醒，事实证明，藏在身下的跳蚤是不会被人体压扁的。我只能冲到外面的卫生间，先跳进去打开灯，再跳出来等一会儿，让满墙的大蟑螂先散开。然后再进到卫生间里，目不转睛地盯着剩下的十几只蟑螂，它们也恶狠狠地看着我拉开衣服，把跳蚤捏下来丢进马桶。

之后几年的异国旅行和类似上述的遭遇就像是定量分泌的生长激素，把我的恐虫症培养得既高大又顽强。有次在香港，我去看了一场午夜放映的电影《秘密客》（*Mimic*，也译作《变种 DNA》），影片勉强及格，讲述的是类似下水道蟑螂一样的食人生物。电影结束后，我刚上地铁，就遇到一只巨大的蟑螂冲我飞过来，正好落在我脸上。要是我能把这些记忆都打包扔掉就好了。我确信，如果没有蟑螂的存在，我的恐虫症应该早几十年就能治愈。

在本章节，您将能感受到我对节肢动物的热爱。它们拥有时尚的造型、华丽的色彩和多样化的外表，如今，我发现节肢动物和自然界的其他类群一样，都是那么地迷人。

但您一定看不到哪怕一根蟑螂的毫毛。

角 蝉　Treehopper　｜　委内瑞拉

満园瑰丽

Aesthetica Sphere

全球各地

蓝蝶翩翩 Cerulean Butterflies | 秘鲁、阿根廷、巴西、伊里安岛*、苏拉威西岛、法国

彩虹蜣螂　　Rainbow Dung Beetle　　|　　美国

烁彩棱晶花 Fulgens Prism | 马来西亚、印度尼西亚、泰国、日本

15

柄眼怪蝇　Stalk-Eyed Fly　　印度尼西亚

柄眼怪蝇　Stalk-Eyed Fly　|　印度尼西亚

16

锯眼蝶　Elymnias　｜　巴厘岛、民都洛岛

帛斑蝶典范　　Rice Paper Butterfly Study　　｜　　印度尼西亚

青 蜂　Cuckoo Wasp　｜　塞浦路斯

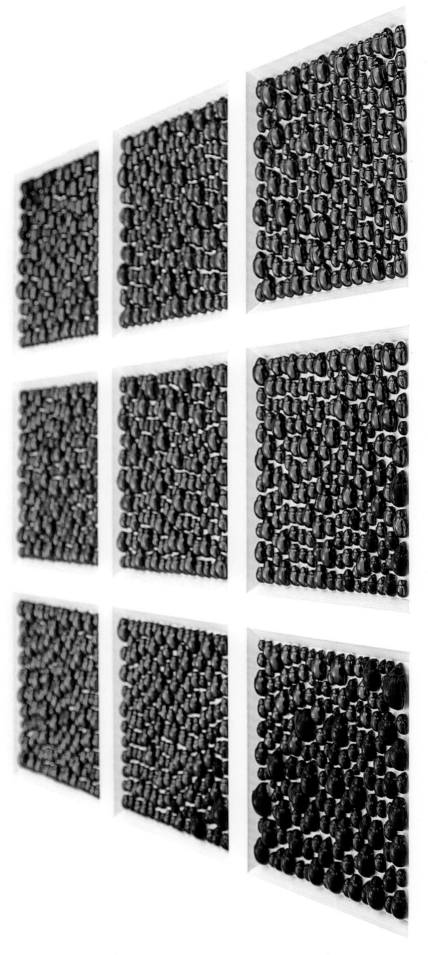

叶甲方阵一号　　Chrysomelid Arrayal No. 1　　｜　　爪哇岛、秘鲁

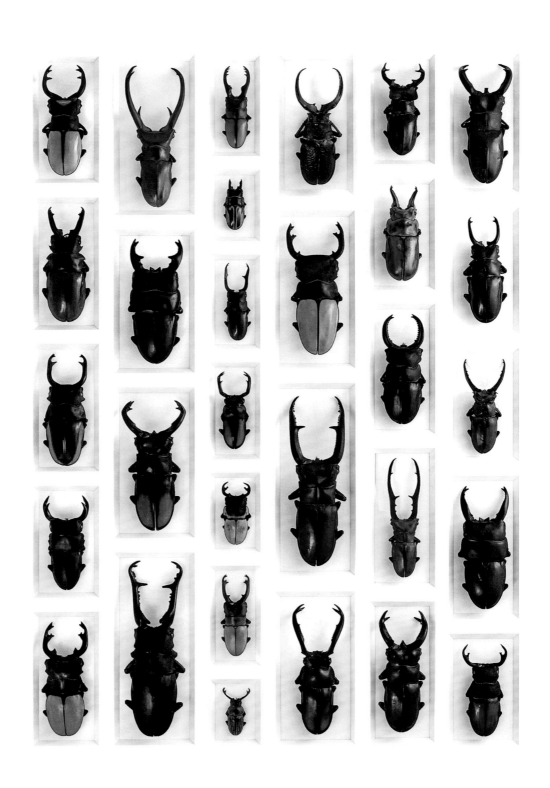

限量版锹甲集锦　Limited Stag Beetle Mosaic　｜　印度尼西亚、泰国、加里曼丹岛、智利

锹甲 Stag Beetle | 印度尼西亚

金秀棱晶宝相花　Solli Prism　　泰国、喀麦隆、日本、印度尼西亚

赤蝶光轮　　Sangaris Ellipse　　│　　中非

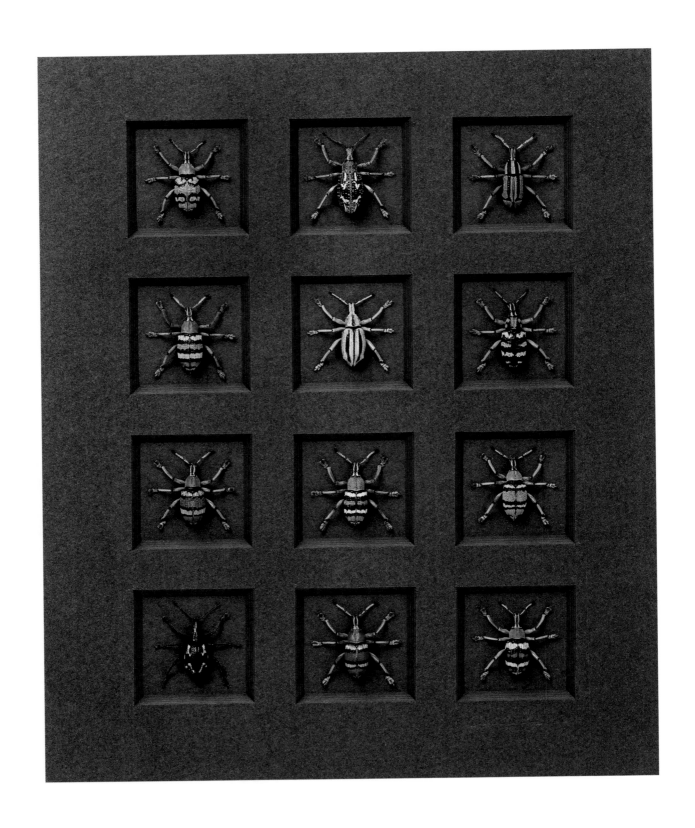

艳象甲攻击队　Eupholus Deviation　　印度尼西亚、巴布亚新几内亚

26

溢彩翠凤蝶 Gloss Swallowtails | 印度尼西亚、马来西亚

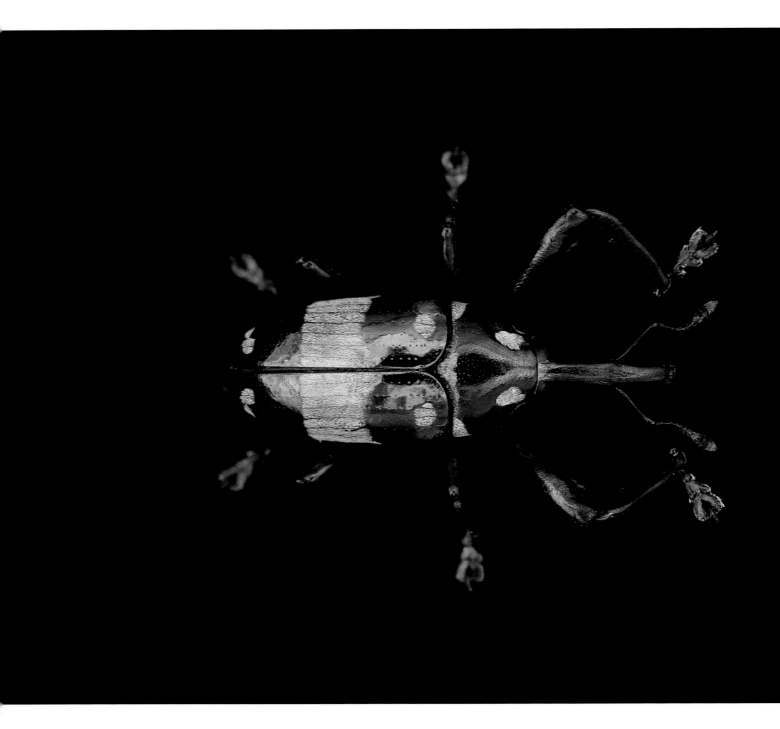

热带象甲　Tropical Weevil　｜　菲律宾

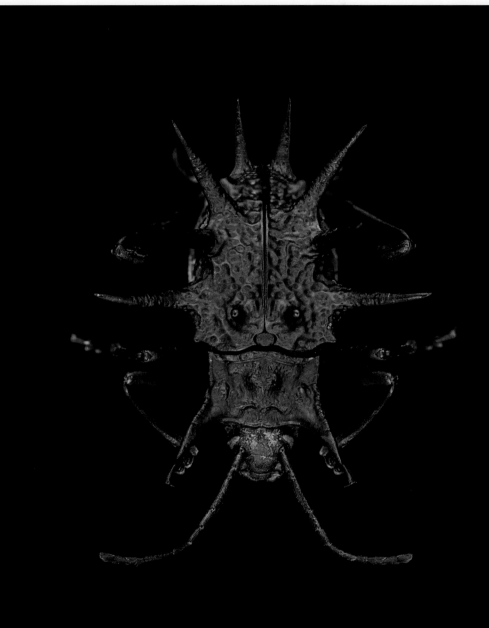

长刺伪瓢甲　　Spiny Leaf Beetle　　｜　　加里曼丹岛

球结犄角蝉 Globe-Bearing Treehopper | 巴西

天牛十字棱晶　　Crucifera Prism　　｜　　泰国、斯洛文尼亚、日本、印度尼西亚

宝石金龟棱晶宝相花

Chrysina Prism

法国、哥斯达黎加、印度尼西亚、洪都拉斯、澳大利亚、坦桑尼亚、加里曼丹岛

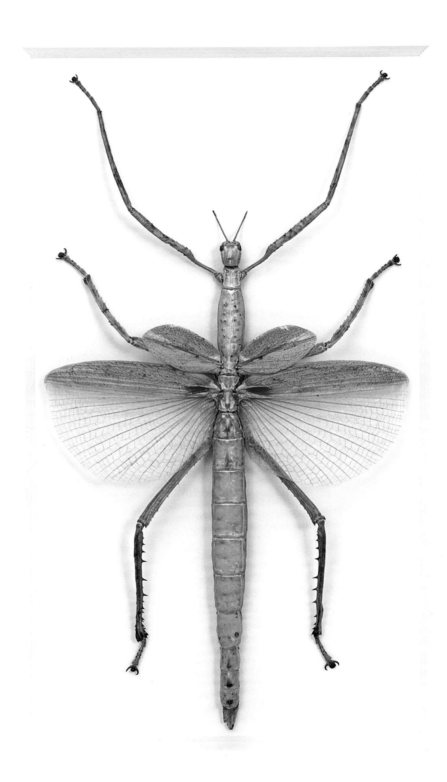

竹节虫标兵
Versi Walking Sticks

爪哇岛、哈马黑拉岛

热带蝉 Tropical Cicadas | 泰国

斑粉蝶　Delias　｜　印度尼西亚、巴布亚新几内亚

青 蜂　　Cuckoo Wasp　　｜　　马其顿

叶甲方阵三号、叶甲方阵二号　　Chrysomelid Arrayal No. 3, Chrysomelid Arrayal No. 2　　|　　爪哇岛、秘鲁

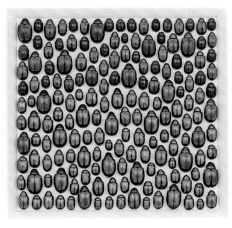

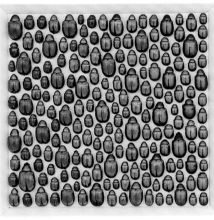
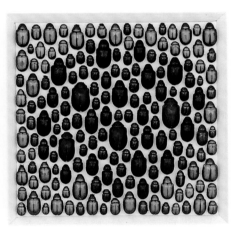
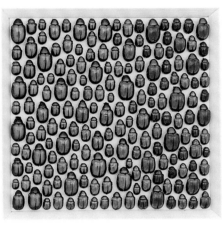
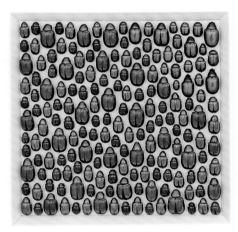
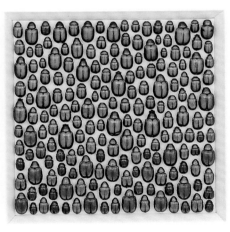
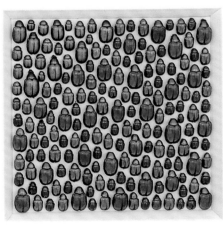

蜻蜓战机编队　Dragonfly Formation　|　泰国、马来西亚、印度尼西亚、美国

王者蚁蛉　Regal Ant Lion　｜　泰国

锦绣图蛱蝶　Callicore Butterflies　|　秘鲁

瑰丽艺术拼嵌　　Aesthetica Mosaic　　|　　全球各地

棱晶宝相花五号

Prism No. 5

朗布隆岛、印度尼西亚、马来西亚、加里曼丹岛、泰国、日本、坦桑尼亚

热带蝗虫　Tropical Locust　｜　危地马拉

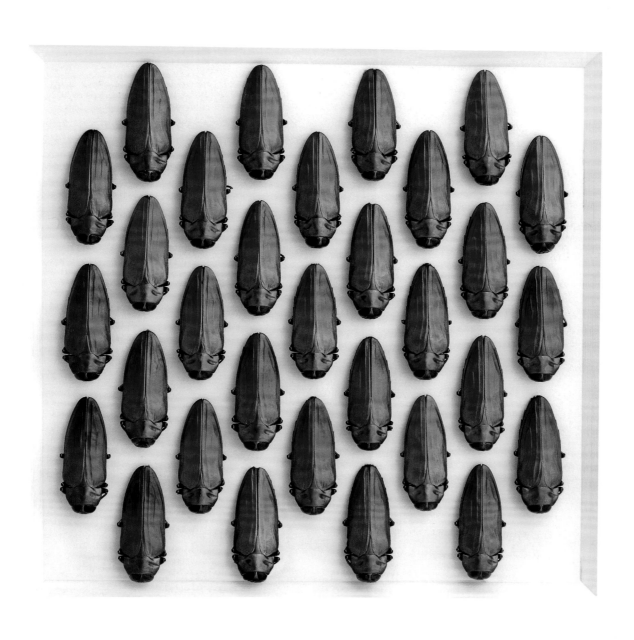

华丽娄吉丁　Sumptuosa　　|　　莫罗泰岛

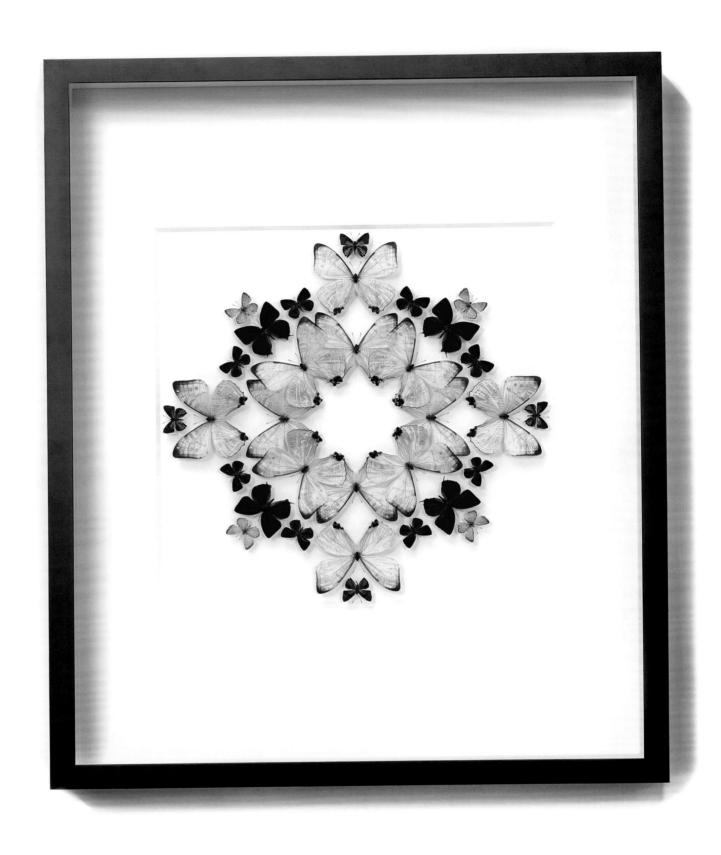

闪光棱晶花　Lumens Prism　｜　秘鲁、印度尼西亚、法国

华美棱晶宝相花　Sumptuosa Prism　|　老挝、印度尼西亚、坦桑尼亚、菲律宾、泰国、日本、法国

限量版甲虫拼嵌棱晶　　Limited Mosaic Prism　｜　全球各地

彩虹丽金龟　Rainbow Scarab　│　老挝

透翅蝶 Clearwing Butterflies | 秘鲁

透翅蛾　　Clearwing Moths　　|　　阿鲁群岛

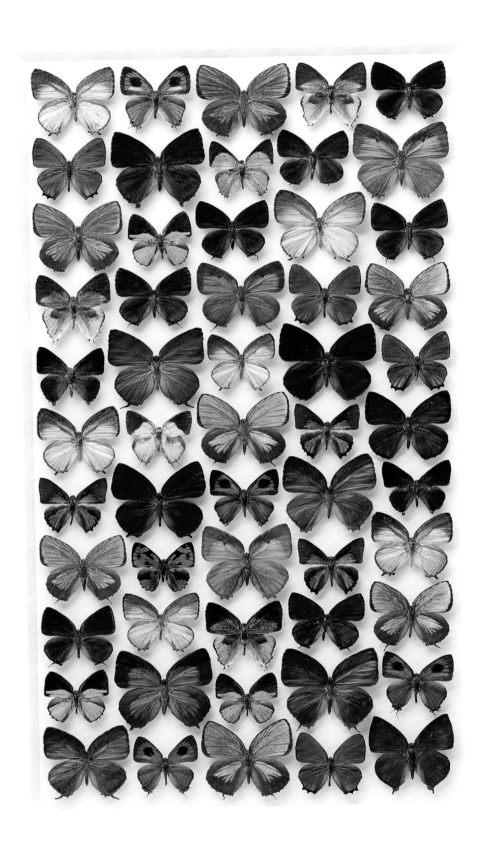

限量版灰蝶拼嵌　　Limited Lycaenidae Mosaic　　|　　东南亚

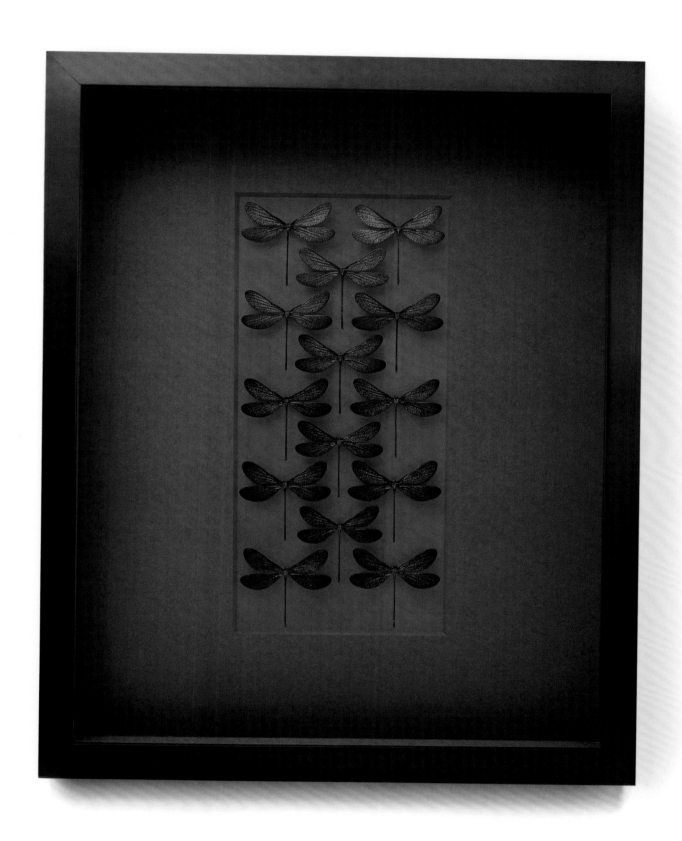

色蟌金泽 Damselfly Wash | 菲律宾

行进的象甲 Walking Weevils 印度尼西亚、巴布亚新几内亚

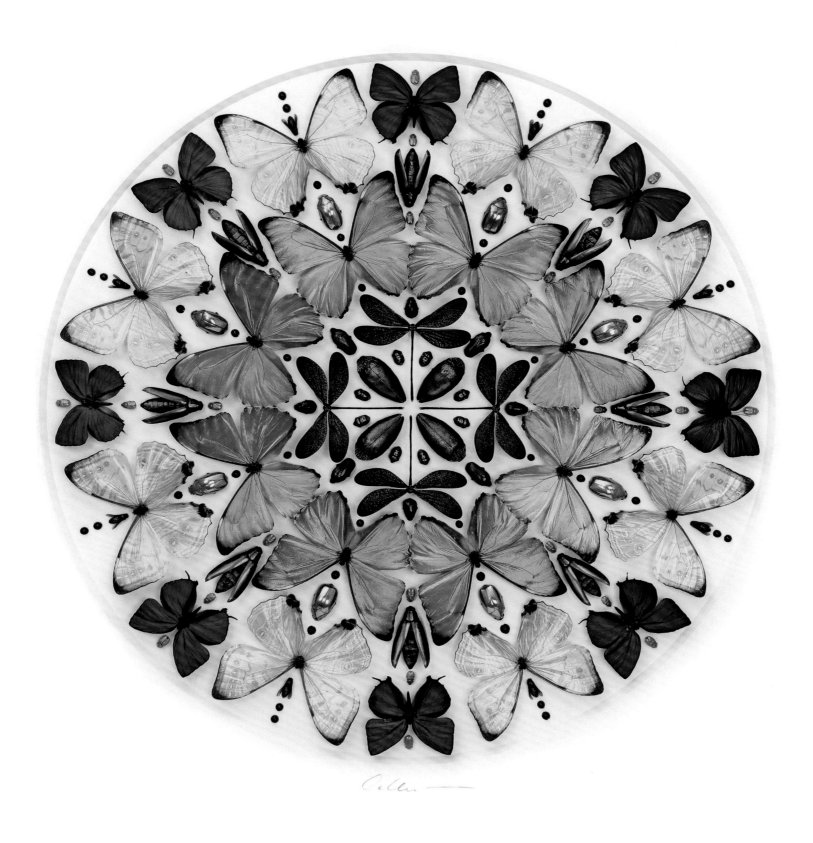

限量版瑰丽拼嵌棱晶　Limited Aesthetica Prism　|　坦桑尼亚、菲律宾、印度尼西亚、泰国、秘鲁、哥斯达黎加、法国

SEA CREATURES

海洋生物

我不喜欢一览无余的视觉呈现方式。作为设计师，我追求高效、精确的视觉效果，但作为一名艺术家，我的目的是引导人们用新的视角来欣赏自然的瑰宝。因此，当我开始在昆虫世界之外寻找题材，并且发现丰富多样的海洋生物类群时，我既受到鼓舞又有些犹豫。与昆虫不同，在家居装饰品中，贝壳元素就像桌布和托马斯·金凯德（Thomas Kinkade，美国风景画家）的印刷画作一样常见。我既想打破贝壳作为路边摊纪念品的刻板印象，又不想破坏贝壳那种浑然天成的完美几何造型（虽然有点过于司空见惯）。我涌出一股强烈的冲动，想要补偿一下曾被暴殄天物的贝类，甚至不惜矫枉过正，但最终我按下了一堆过于浮华和前卫的念头，定下了现在的设计理念——我希望自己能拿出雅俗共赏的作品。

然而，选用海洋生物作为材料时我还需要考虑另一个问题——收集贝类并不一定会像用昆虫进行创作那样给环境带来正面的影响。尽管我使用的大部分个体都是常见种类——任何曾在暴风雨后漫步加勒比海滩的人都能作证，然而，我对此类创作所能抱有的最高期望也只不过是不影响环境。在贝壳采集受到严格监管的情况下——尤其在菲律宾，那是我大部分标本的来源地——仍然还有人专门潜水采收活体海洋贝类制作标本。

不过，当我决定使用海洋生物材料时，就开始在人类开发海洋资源的各种渠道寻找回收利用的机会。从渔场中自然死亡的个体，到副渔获物以及海鲜加工厂，似乎那些迷人的生物早已出现在成熟的产业链中，尽管有些物种相当常见。当我意识到我能将一些废料变为美丽的艺术品，而不给野外种群带来额外的生存压力时，心中感到一阵狂喜。在制作海洋生物标本时，我着实是费尽了心思，特别是处理那些身体柔软的无脊椎动物类群，从技术上讲，又贵又复杂，好在最终的结果不负苦心。

虽然我的海洋生物类作品并不像我的"涅槃重生类"和昆虫类作品那样能为环境保护添砖加瓦，但至少为这类生物提供了一些新的利用方式，而不再是只能扔进垃圾场或装进寿司盘。不过谁又能料到，海鲜不仅味道特别好吃，在视觉上也"秀色可餐"呢？

章鱼触手
Octopus Tentacle

|

大西洋

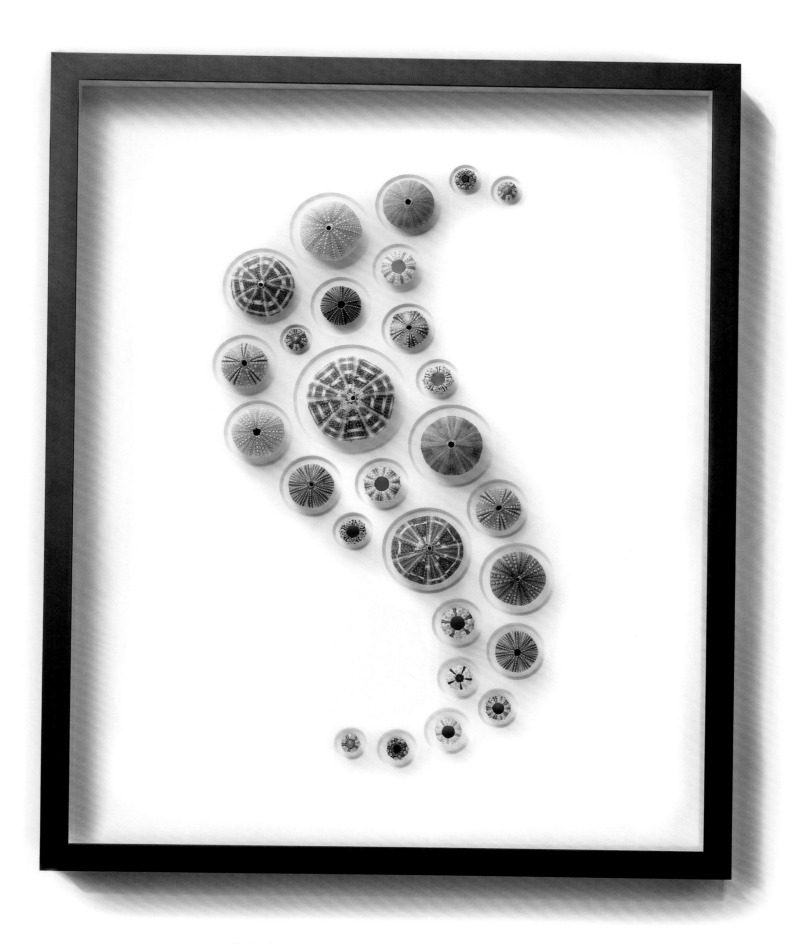

海胆球 Urchin Spheres | 泰国、菲律宾、墨西哥、美国

"永生"章鱼　　Preserved Octopus　　|　　大西洋

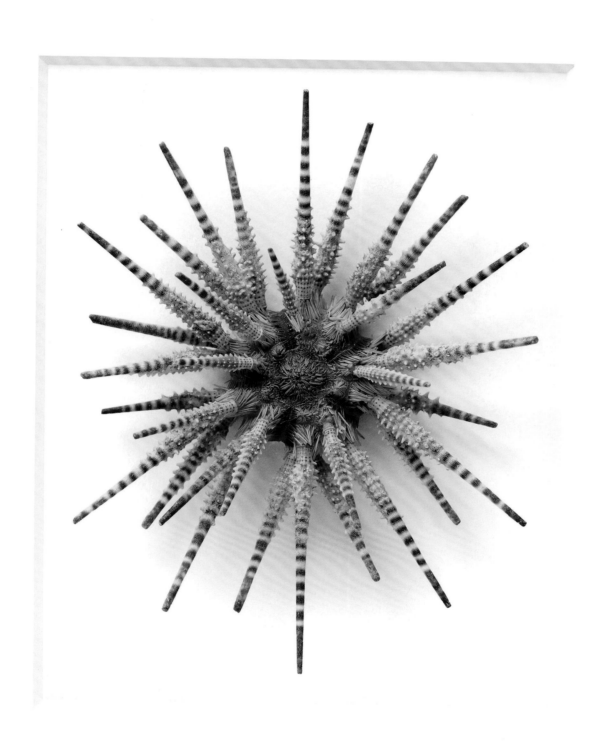

藤壶状海胆 Barnacled Sea Urchin | 菲律宾

海胆马卡龙　Pastel Urchin Mosaic　│　菲律宾

蜘蛛蟹 Spider Crab | 菲律宾

棘刺长腿蟹　Thorn Crab　｜　菲律宾

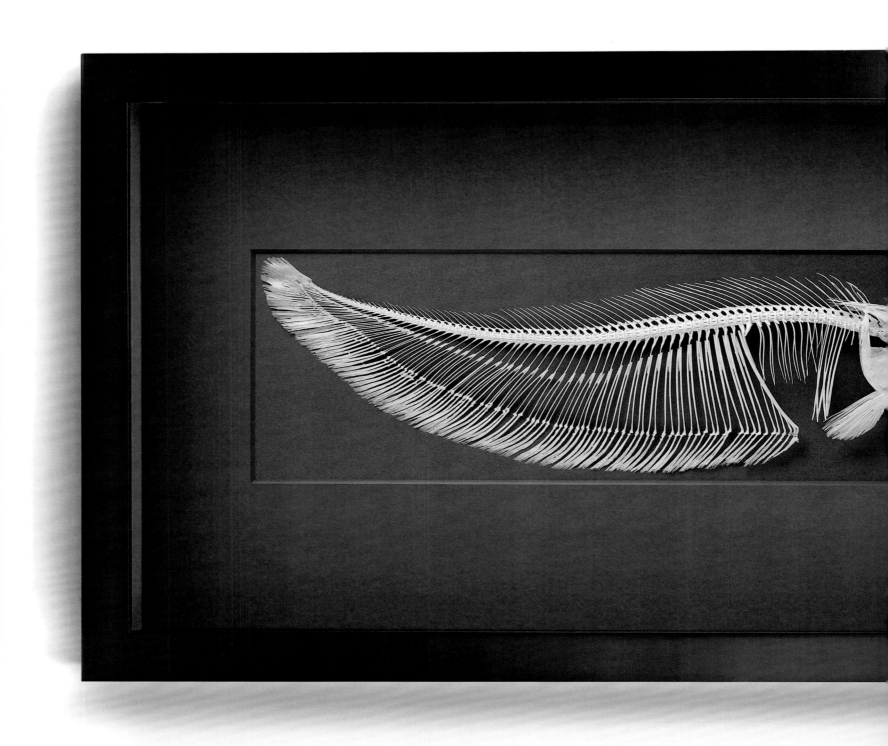

七星刀鱼　Knife Fish　｜　泰国

海马骨架　Sea Horse Skeletons　｜　菲律宾

粗糙蚀菱蟹　Horrid Elbow Crab　|　菲律宾

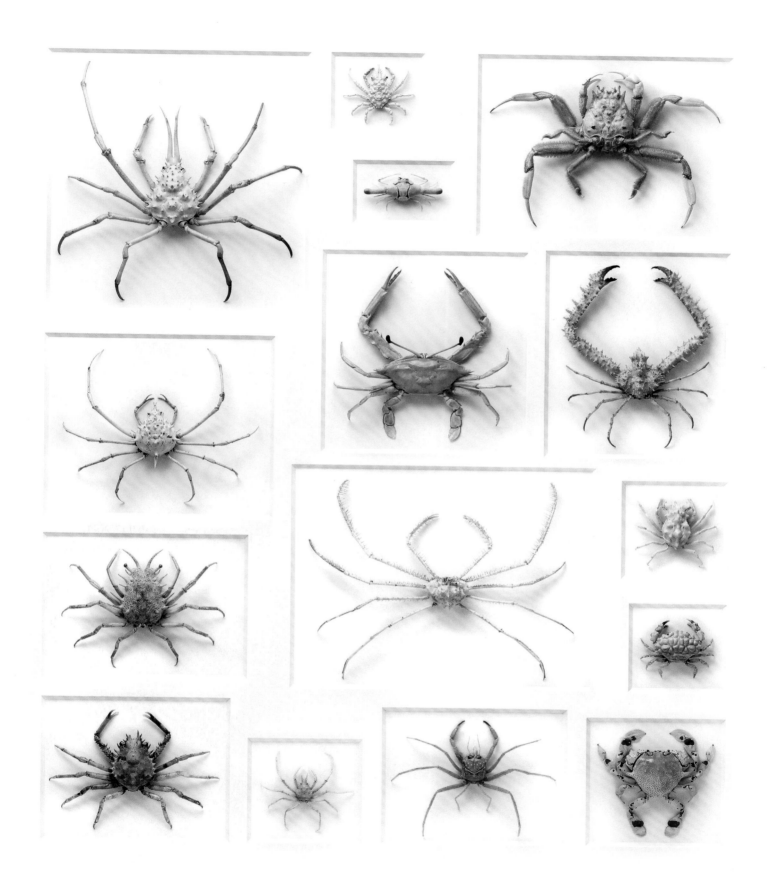

十足动物荟萃　Decapod Mosaic　｜　菲律宾

卫星海胆　Sputnik Urchins　｜　菲律宾

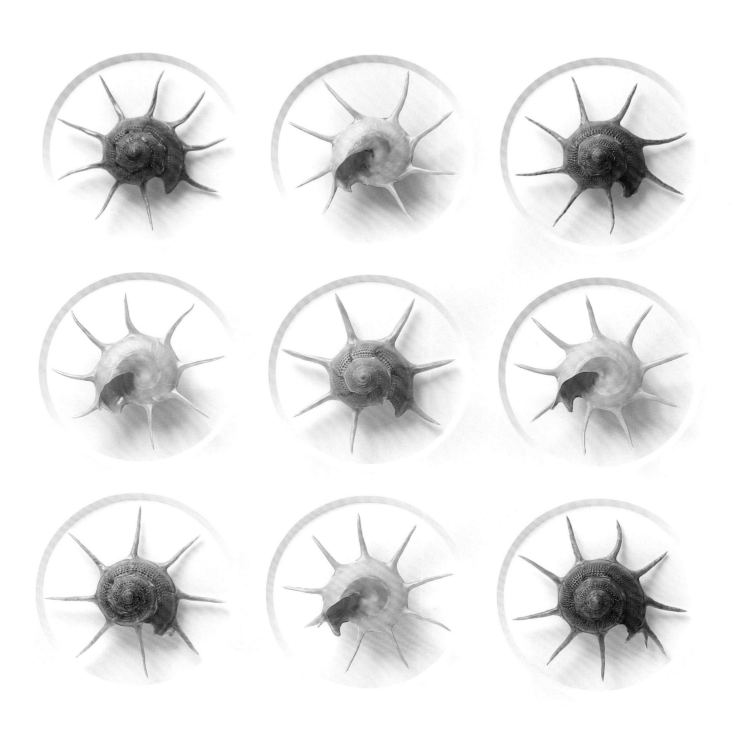

闪耀星螺 Gilded Starshells | 菲律宾

美拉迪腔海胆　Maillardi Urchin　|　菲律宾

五彩龙虾　Painted Lobster　|　印度尼西亚

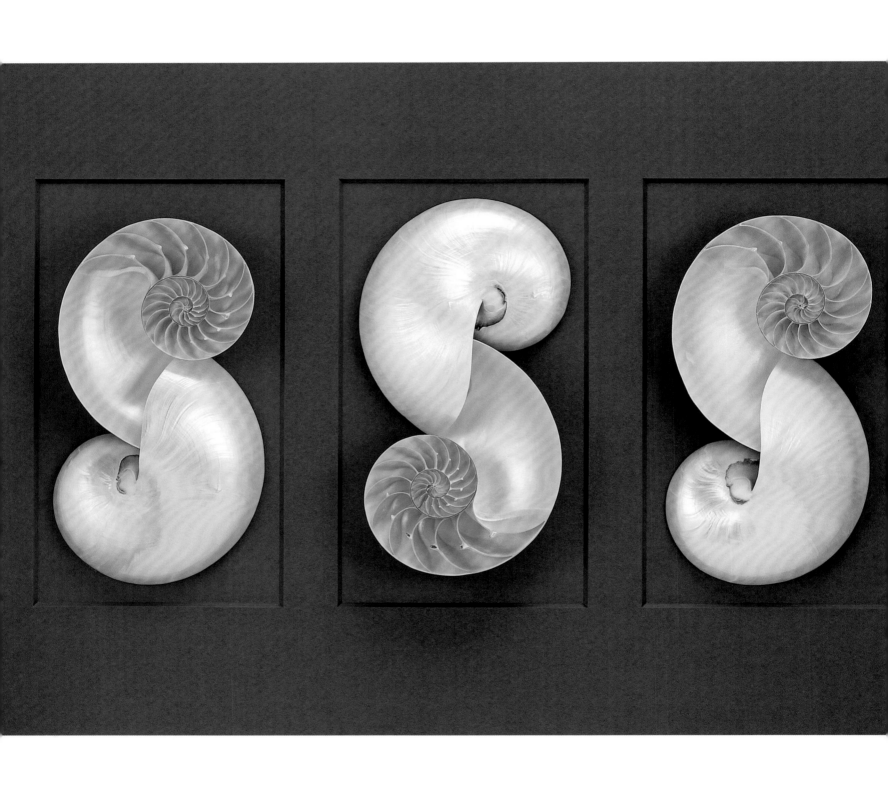

鹦鹉螺　Nautilus Trio　|　菲律宾

鹦鹉螺三联 Nautilus Triptych | 菲律宾

皇帝神仙鱼　Emperor Angelfish　｜　红海

君威神仙鱼 Regal Angelfish | 印度洋

章 鱼　Octopus　｜　大西洋

斑斓海胆 Variegated Urchins | 菲律宾

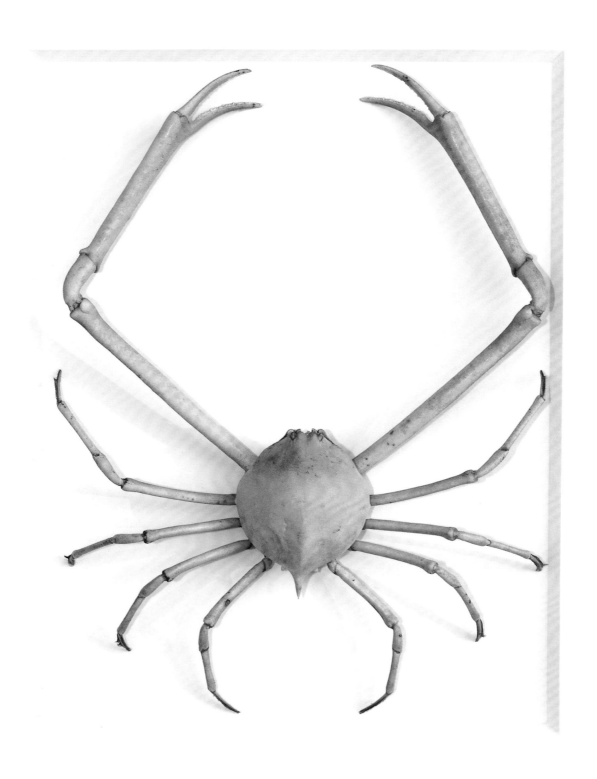

卵石蟹 Pebble Crab | 菲律宾

拖鞋龙虾　　Slipper Lobster　　|　　菲律宾

条纹猫鲨　Banded Cat Shark　｜　日本

普通鱿　European Squid　｜　大西洋

REPTILES

爬行动物

"情人眼里出西施"，这句古老的谚语已经流行多年。艺术家总能更加敏锐地参透大众审美的相对性——毕竟想做好这一行，就要学会迎合观众的喜好。即便如此，我还是无法理解那些看不到爬行动物之美的人。我知道有的恐惧是天生的，我也承认对可能致命的东西心存敬畏是必要的。但是，当看到蛇那轻盈优雅的姿态时，谁能不好奇造物主为何要创造出这样有生命的线条呢？用极简的线条表达复杂的情感，这正是每个艺术家苦苦追求的终极境界啊！也许正因如此，蛇总是沉吟不语——能用千变万化的形体语言自由表达的生物，也就无需赘言。

当然，在被埋没的神奇爬行动物中，蛇不是唯一乏人赏识的类别。变色龙，它们能通过改变体色来表达情绪，只有当心情改变时，此前的体色才会逐渐消退，被新的颜色取而代之；巨蜥，这是地球上唯一真实存在的"龙"；鳄鱼，从恐龙时代至今形态上几乎没有改变；壁虎，就像蜥蜴类群中顽皮爱叫的小狗；龟类，它们就像老树一样稳重端庄——也和老树一样古老而缓慢。

世人对爬行动物存在很多偏见，这对我来说太荒谬了。我承认我天生就对它们抱有好感，我与自然最早且最生动的互动经历，都围绕着蛇与蜥蜴展开。不论是作为宠物和研究对象，还是在野外惊险的邂逅，它们都点燃了我对自然与艺术的热爱。

所以当我有机会尝试使用圈养环境中死亡的爬行动物遗骸制作标本时，那种美梦成真的感觉简直超乎想象。这意味着我不仅可以对那些数十年来已经如数家珍的类群再燃热爱，还能接触到那些在其他任何地方都难以接触到的高致命的、稀世罕见的、或者未知的种类。我那儿时的梦想照进了现实。

我希望通过本章的作品展现这些标本的优雅体态、身体结构和花色纹理，从而培养出更多能够欣赏爬行动物的人。但如果有人在看完这些之后仍冥顽不化地憎恶爬行动物，还是无法从这些灵动的生物身上感受到纯美的话——这些人也许应该被重新审视一下。

普埃布拉奶蛇 杏黄选育色型 Apricot Pueblan Milk Snake | 墨西哥

锡那罗亚奶蛇　斑点色型
Splotched Sinaloan Milk Snake

墨西哥

高山王蛇
Mountain King Snake

美国西部、墨西哥

灰带王蛇
Gray-Banded King Snake

美国南部、墨西哥

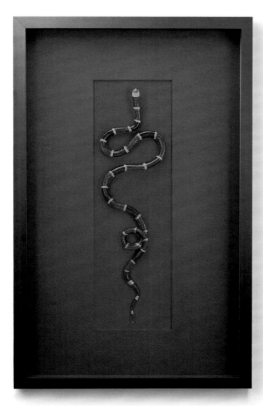

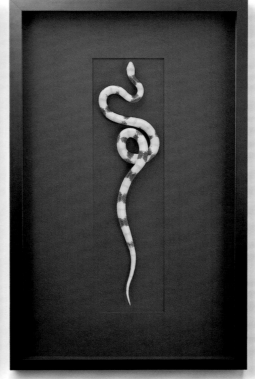

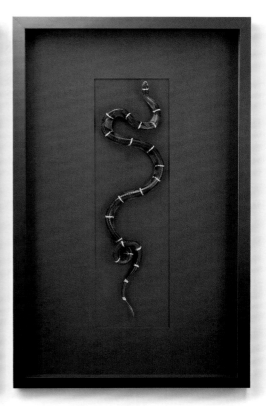

珊 瑚 蛇
Coral Snake

|

美国东部

纳 尔 逊 奶 蛇　白 化 色 型
Albino Nelson's Milk Snake

|

墨西哥

纳 尔 逊 奶 蛇
Aberrant Nelson's Milk Snake

|

墨西哥

红竹蛇　Bamboo Rat Snake　|　泰国

吉拉毒蜥　Gila Monster　｜　美国

撒哈拉刺尾蜥　Saharan Uromastyx　｜　阿尔及利亚

眼 镜 王 蛇　King Cobra　　|　　缅甸

印度眼镜蛇　Asian Cobra　｜　斯里兰卡

小斑响尾蛇　Speckled Rattlesnake　｜　美国、墨西哥

美国短吻鳄头骨　Reclaimed American Alligator　|　美国南部

球蟒 莫哈韦色型
Royal Python, Mojave Form

科特迪瓦

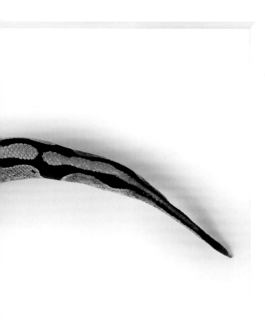

球蟒 普通色型
Royal Python, Vanilla Form

|

加纳

睫角守宫 Crested Gecko | 新喀里多尼亚

铜头蝮 Copperhead Viper | 美国

犀咝蝰
Rhinoceros Viper

|

中非

106

王蛇和玉米锦蛇杂交后代　King/Corn Snake Hybrid　｜　美国

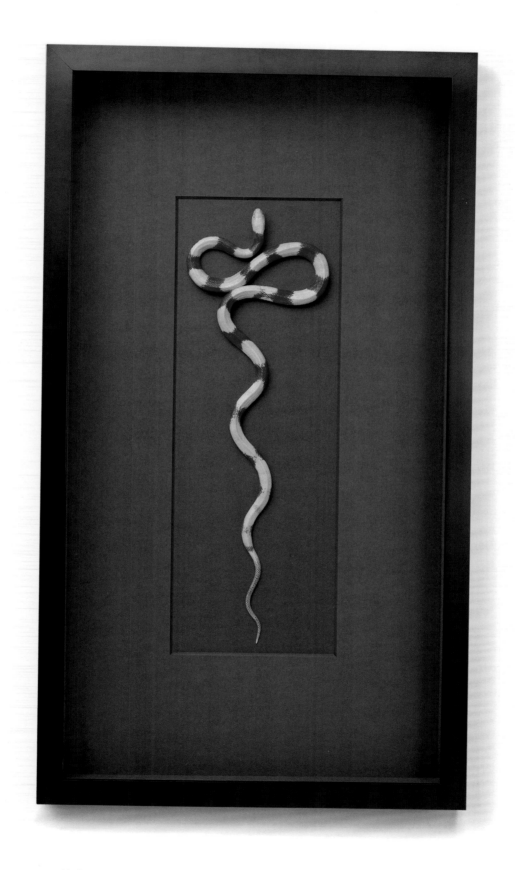

纳尔逊奶蛇　白化色型　Albino Nelson's Milk Snake　｜　墨西哥

绿树蟒　Green Tree Python　|　澳大利亚

高冠变色龙   Veiled Chameleon | 澳大利亚

东部菱斑响尾蛇 Eastern Diamondback Rattlesnake | 美国

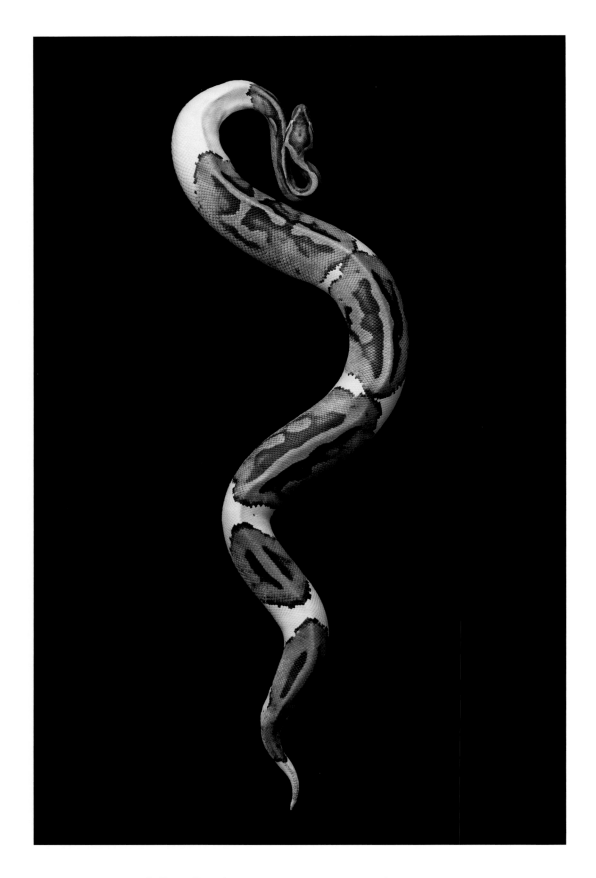

球蟒 花斑色型　Piebald Royal Python　｜　尼日利亚

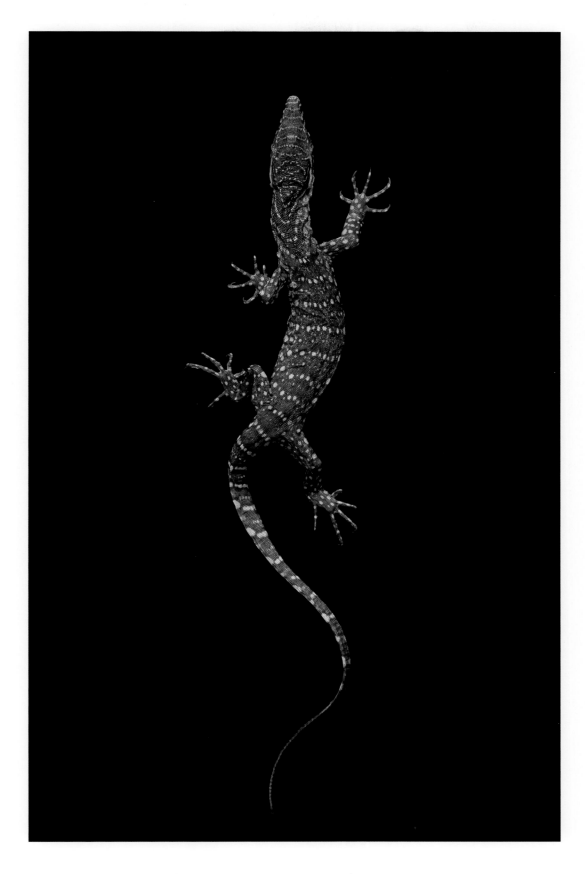

圆鼻巨蜥　Asian Water Monitor　｜　印度尼西亚

绿树蟒 Green Tree Python | 澳大利亚

玉斑锦蛇 Mandarin Rat Snake | 中国

BIRDS

鸟类

我父亲将一生都奉献给了他心爱的鸟儿。记忆里，我们每次搬进新家，行李总是先放着不动，首要任务是建造鸟舍。在父亲抚养过的所有"孩子"中，我认为只有那些鸟儿算得上在享用八珍玉食。每每他都会花好几个小时给他的宝贝鸟儿喂食打理、精心照料。说实话，我是不能理解父亲的这种狂热的。

我的意思是，对我来说，鸟类多少有点……怎么说呢……平平无奇。我年轻时对大自然的狂热向往与对怪兽的猎奇癖好紧密相关。艺术（嗯，我年少时所理解的艺术）与自然是不可分割的。于我而言，最能映射我对猛兽光怪陆离的想象——或者至少能找到特征拟合的身体部位——的那部分大自然才是令我一见倾心的所在。鸟儿，尤其是我父亲饲养的笼中鸟，它们乖顺、温柔、优雅，则在某种程度上属于大自然缺乏野性的一面。当父亲把我拉到鸟舍，邀请我观摩一些新的羽色变异，或者对一些绝无仅有的品系进行长篇大论时，我只能礼貌地表现出兴致勃勃的样子，直到他重新沉浸在自己的丰功伟绩中，我才能得以脱身。

飞鸟非我所爱。在年幼的我心里，真正的男人应当心系虎豹豺狼，魂牵毒蛇巨蜥。诚然，我们可能还是会被一些虫子微微（深深）吓到，但男子汉哪能去侍弄乖巧的小鸟呢？然而，这似乎又和我父亲的品格对不上——他可是我知道的最纯的爷们儿。

接下来，到我十岁时，我在父亲一间鸟舍的废物箱里发现了一只死去的雀鸟。我记得当时看到它出现在废物箱里颇感意外。我想象不出那只死掉以后又在冰箱里被

冻存了那么久的鸟儿，留在父亲这里还能有什么别的用途。于是我把它翻拣出来仔细端详。它的喙小小的，只能啄食最嫩的谷粒，爪子稍微干瘪了些，但还能屈伸（有那种魔爪的感觉！）。最让我着迷的是翅膀，完全张开时，每根羽毛都排列得整整齐齐，折回去时，又能完美复位。原来那些杂乱无章飞过围栏的群鸟，居然生有这般秩序井然的羽翼。

我心想这样的宝物可不能随意丢掉，我要永存这件标本。我把它带进屋，翻遍了母亲的针线箱，找出几样看上去能用得着的材料。我将鸟儿的翅膀完全展开，并自认为巧妙地用大头针固定到位。我还把它耷拉的脑袋摆正，让它看起来更像生前的模样，看吧——一只飞翔的鸟！我带着它来到旷野，在它身上系上一根线，然后不停地转圈，并在鸟儿"飞起来"的同时像放风筝一样放出越来越长的线。我懵懵懂懂地认为，或许自己也能理解父亲为何对鸟儿情有独钟了。这时父亲走了过来，问我在神神秘秘地捣鼓些什么。我说，我正在保存被他无情抛弃之物，我要成为一个能化腐朽为神奇的人——父亲听后耐下心来和我讲解，如果真的想要永远保存这只鸟，具体该怎样操作。结果我被那些标本制作的步骤彻底恶心到了，赶紧把尸体还给了他。

虽然我第一次挽留鸟类遗骸的尝试只有短短一瞬，但这件事在我心里埋下了一颗种子。诚然，这颗种子埋了三十五年也没开出花，但它就像稀世罕见的大王花那样，在最终绽放时会喷薄出倔强而浓烈的气息[1]。

---

1. 暗指标本制作过程中发出的腐臭。

黄头鹦哥　　Double Yellow-Headed Amazon　　｜　　危地马拉

绯红金刚鹦鹉
Scarlet Macaw

|

巴西

120

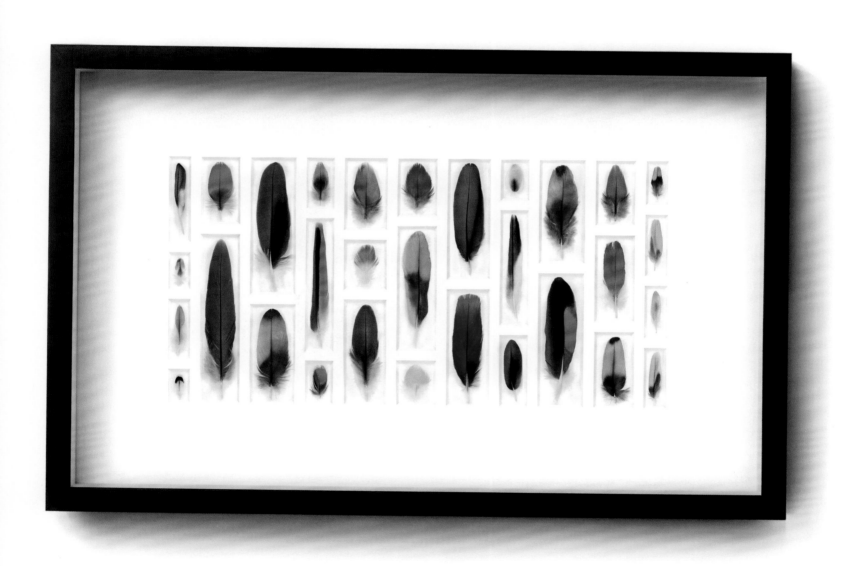

彩羽集锦　Feather Mosaic　　　全球各地

淡头玫瑰鹦鹉　Pale-Headed Rosella　｜　澳大利亚

红腰鹦鹉   Red-Rumped Parrot | 澳大利亚

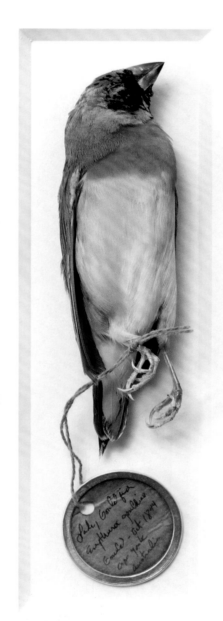

七彩文鸟博物馆藏品式标本　　Gouldian Finches, Museum Collection　　｜　　澳大利亚

紫蓝饰雀　Purple Grenadier Finch　｜　乌干达

彩羽集锦　Feather Mosaic　｜　全球各地

红绿金刚鹦鹉

Green-Winged Macaw

委内瑞拉

129

蓝耳丽椋鸟
Greater Blue-Eared Starling

博茨瓦纳

靓鹦鹉 Superb Parrot | 澳大利亚

公主鹦鹉 Princess of Wales Parakeet | 澳大利亚

鸟类馆藏标本集锦　　*Ave Museum Collection*　　｜　　全球各地

绿颊锥尾鹦鹉 Green-Cheeked Conure | 玻利维亚

红胁绿鹦鹉　Vos Eclectus　｜　新几内亚岛

黄头鹦哥
Double Yellow-Headed Amazon

|

危地马拉

138

牡丹鹦鹉三色型　*Agapornis Parrot Color Forms*　坦桑尼亚、纳米比亚

141

伯氏鹦鹉 Bourke's Parakeet | 澳大利亚

公主鹦鹉　Princess of Wales Parakeet　｜　澳大利亚

MINERALS

矿物

矿物是自然界里最常见、最易获得和利用的天然工艺品。我们脚下的道路、用来分辨方向的磁石、流通的货币都源自矿物，并利用其各自独特的性能实现从计时到计算的多种用途。我们还有幸欣赏到矿物更美妙的性质：稀世罕见的晶体闪耀着夺目的光彩，全世界似乎都在为它们的发现和获取而着迷；化石则讲述了我们完全无法想象的古老纪元和古生物的故事。我们无形的激情与有形的社会一样，都构筑在矿物质之上。

然而，人类利用岩石平静、稳定的特性奠定了文明的基础，却也正是这些特性让我们极易对地球上的岩石漠不关心。我曾极力警示社会加速进入虚拟时代所带来的风险。无论是宏大叙事还是个人体验，生活在虚拟世界所造成的社会危害已经显露无遗：大至新一代年轻人变得越来越冷漠和孤僻，小至身边朋友的婚姻葬送于游戏或网络。我确信人的一生应该全身心投入真实世界，尽力感受自然万物，这样才能获得脚踏实地、自在满足和怡情养性的效果。

人类与自然之间的互动几乎总是始于矿物。我的几个孩子最早的自然课就是向池塘里丢石子，在平缓的山路上蹒跚学步，或者在海滩捡玛瑙石和挖（吃）沙子。他们的衣兜、抽屉和吸管杯里总是装满了心爱的石头。

后来，孩子们迷上了屏幕里的动画，而坚实的、摸得着的石头蛋子常常被一闪而过的虚无替代。短视频和标题党挤占了我们对地球上亘古未变之物的观察、研究和思考。我们真是自作自受。

也许，最终的答案就是回归本源：拔掉电源线，去外面走走。若问我的其他建议，请向池塘里扔石子时再用力一点。如果你能带着孩子一起玩，那就更好了。毕竟，人类社会的巨大变革往往就是这么开始的：先投出去一块石头。

锌孔雀石　Rosasite　　|　　墨西哥

更新世洞熊爪　Pleistocene Cave Bear Paw　｜　俄罗斯

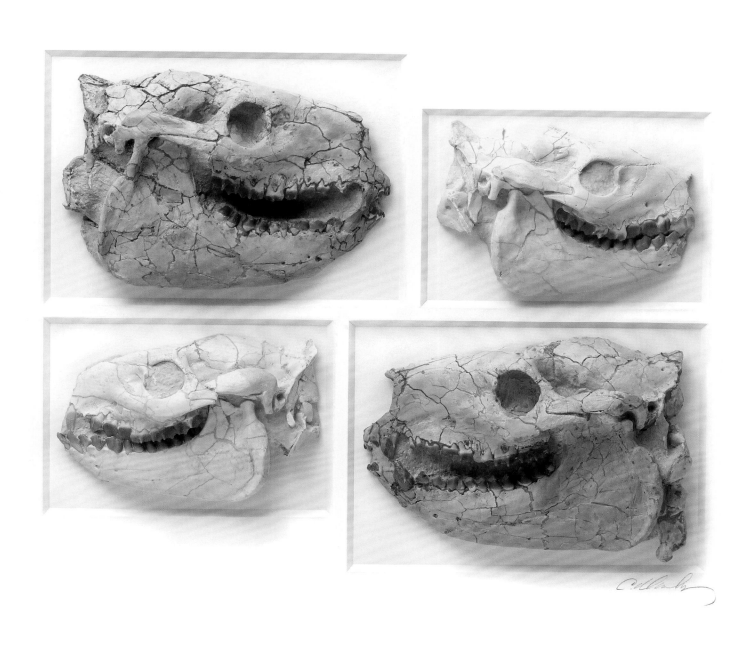

中新世岳齿兽头骨　Miocene Oreodont Skulls　|　美国

中新世硅化珊瑚　Miocene Agatized Coral　｜　美国

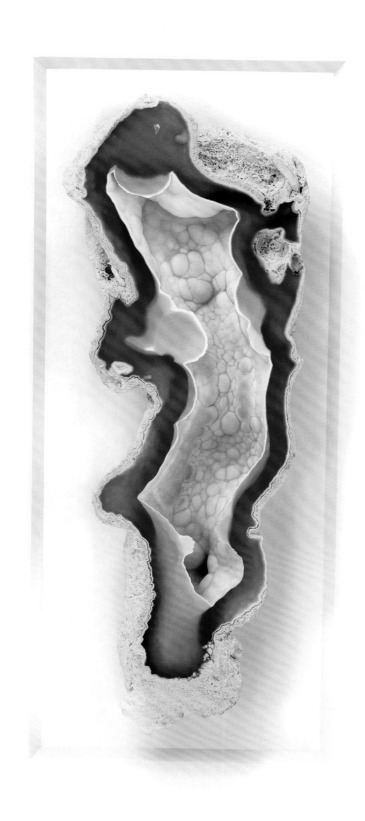

中新世硅化珊瑚　Miocene Agatized Coral　｜　美国

三块印度沸石　　Three Indian Zeolites　　|　　印度

白垩纪菊石双拼　　Cretaceous Ammonite Duo　　|　　马达加斯加

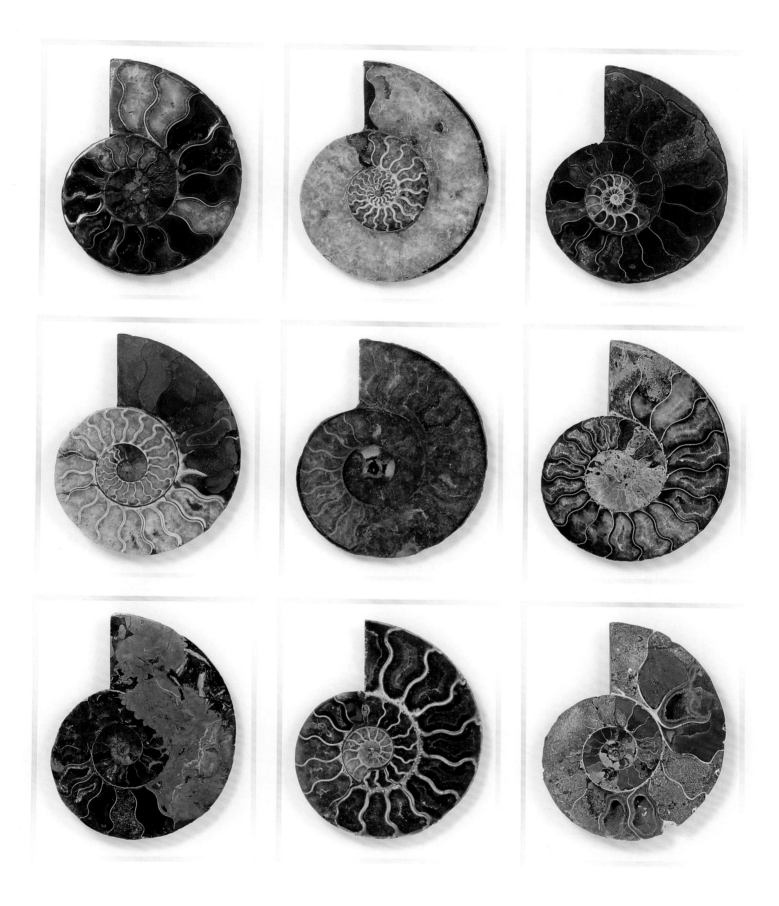

白垩纪菊石典范　Cretaceous Ammonite Study　│　马达加斯加

玉髓　Chalcedony　｜　印度

玉 髓　Chalcedony　｜　印度

巨齿鲨牙齿
Megalodon Tooth

|

美国

艾氏鱼化石
Fossilized Knightia

|

美国

江汉鱼
Jianghanichthys

|

中国

菊石
Ammonite

|

马达加斯加

始新世鱼化石集锦　Eocene Fossil Fish Mosaic　｜　美国

贵州龙　Keichousaurus　│　中国

贵州龙　Keichousaurus　｜　中国

巨齿鲨牙齿　Megalodon Tooth　｜　美国

巨齿鲨牙齿集锦　Megalodon Tooth Mosaic　　｜　　美国

孔雀石与蓝铜矿 Malachite and Azurite | 刚果民主共和国

片沸石与鱼眼石　Heulandite and Apophyllite　｜　印度

黄铁矿立方晶体　Pyrite, Cube Formation　｜　西班牙

UNITY

和谐一体

晶体，昆虫，鸟。动物，植物，矿物。这其中的内在联系是什么呢？冥冥之中是什么力量充盈在天地之间，让每一种元素、每一个生命体，无论多么千奇百怪或是捉摸不定，以设计的眼光看来都同样令人着迷？是什么吸引着人们去接触、感受并将自然万物纳入我们的认知？

答案是和谐。和谐统一是眷恋自然理论的基石。正因为我们属于大自然的一部分，所以我们生来就热爱它。而当我们开始发觉那些来源各异的自然之物能在视觉上相互关联时，我们的心灵震撼不已，因为这印证了我们和自然之物浑然一体的事实。我们对自然的热爱并非遥不可及的刹那激情或者徒劳无益的一厢情愿。如果说岩石和昆虫可以相配、飞鸟和海鱼能够共存，遥远的化石和古老的蛇蟒能完美契合，那么人类当然也在自然界中拥有自己的一席之地。当自然万物彼此交融之时，人类也会不由自主地投入大自然的怀抱。

近半个世纪以来，不知从什么时候开始，眷恋自然，或者说热爱自然，几乎变成了自然保护的同义词。不知怎的，过去的几十年里，这种环保主义逐渐显现出将人类从自然中剥离出来的倾向。显而易见，自然保护只是眷恋自然的一个重要方面，但却并未涵盖我们对周遭生命之爱的所有内容。除非唤醒人们对自然之美的欣赏能力，否则我们很难点燃人们对自然保护的热忱。如果人与自然不再产生真实的互动连接，我们在情感和精神上就会逐渐萎靡。我们应当保持警醒，避免走向那个完全数字化、二次元化和脱离自然的社会。

作为四个孩子的父亲，我曾切身享受过沉浸于自然时那充满治愈力和活力的感觉；我也深知，人若脱离自然会是多么地空虚。因此，为了避免人们误会我宣扬眷恋自然也是为了服务于"让人们更好地意识到大自然的脆弱性"那套无聊论调——从而证明人类应该与自然隔离开来——请允许我申明自己的立场：我写这本书、开拓这份事业、珍藏魅力无穷的自然之物的热情和初心，正是为了把自然的幸福感带给艺术品收藏者，包括我自己。我会一直走下去。当然，我期待自己专注于表现自然之物的结构美和组合美而做出的努力，能引来更多欣赏自然的目光，进而激发大家保护自然的热情，这是我的作品所能带来的积极影响之一。但假如止步于此，那我还是功亏一篑。因为我们对大自然及自然造物的热爱无需附加什么特殊的意义，这种热爱本身就是无价之宝。大自然滋养、解放、启发并祝福着人类。我的人生从中汲取的充实和幸福无法计量。

确实，人不能与自然脱离，不能与自然隔离，也不应从自然中剥离。这才是和谐一体。

双头猩红王蛇　Two-Headed Scarlet King Snake　｜　美国

虫纹宝相花　Elegans Prism　｜　泰国、印度尼西亚、喀麦隆、马来西亚

蓝色型红领绿鹦鹉　Indian Ring-Necked Parrot, Blue Form　｜　缅甸

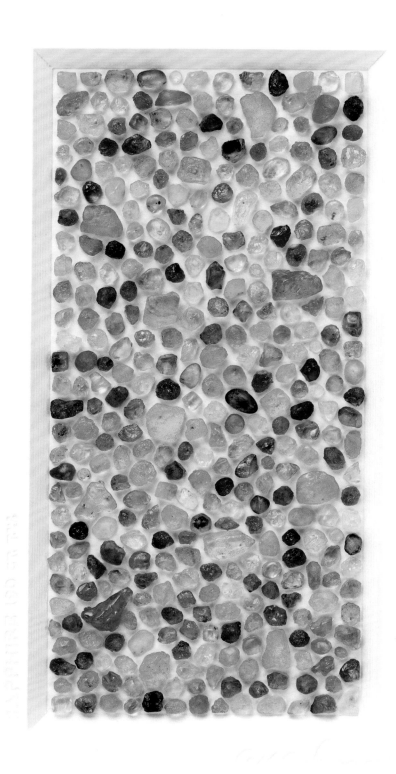

蓝宝石原石 Rough Sapphires | 马达加斯加

蜡蝉集锦　Lantern Fly Mosaic　｜　泰国、印度尼西亚、马来西亚、秘鲁

黑色型鸡尾鹦鹉　Black Quarrion　|　澳大利亚

黑色眼镜蛇　Black Cobra　|　巴基斯坦

蓝玉髓　Blue Chalcedony　｜　印度

银色粉蝶
Silver Celestina

马来西亚、印度尼西亚

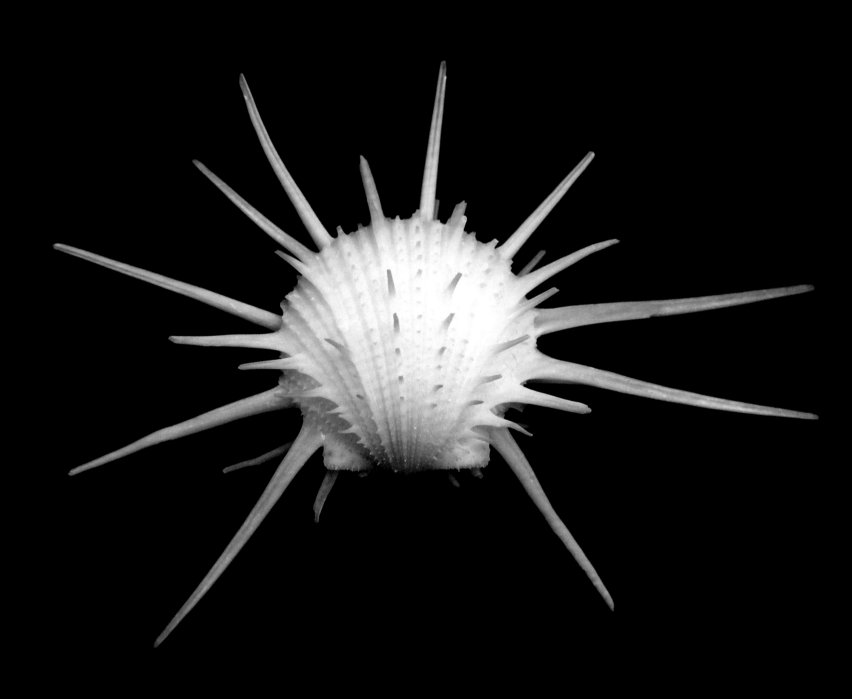

帝王海菊蛤　　Imperial Spiny Oyster　　｜　　菲律宾

永生蝴蝶兰　Preserved Phalaenopsis　｜　加里曼丹岛

限量版天牛集萃　　Limited Longhorn Mosaic　　|　　亚洲、非洲

红尾蚺 Red-Tailed Boa | 苏里南

七彩文鸟　Gouldian Finches　｜　澳大利亚

亚马孙蝗虫　Amazon Grasshopper　｜　厄瓜多尔

凯门蜥 Caiman Lizard | 哥伦比亚

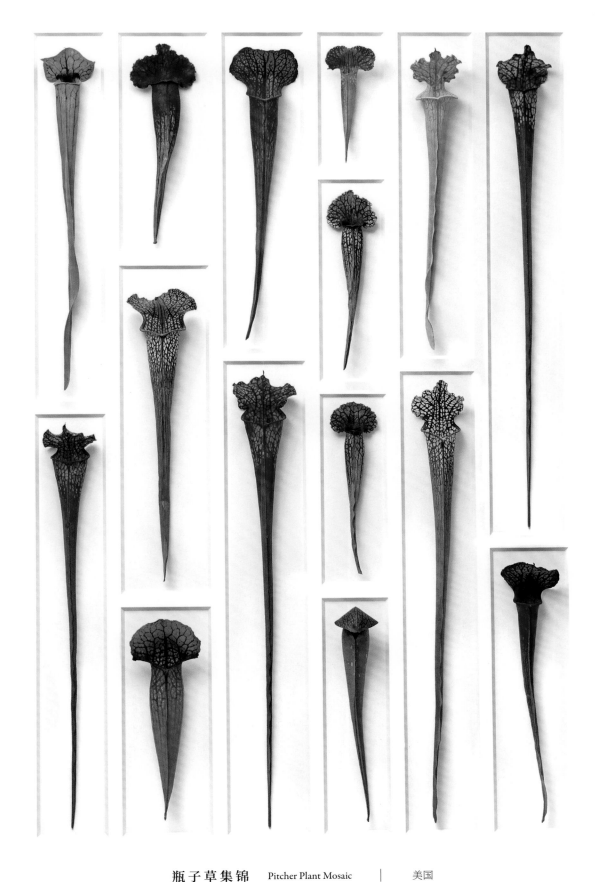

瓶子草集锦　Pitcher Plant Mosaic　　美国

海胆球拼嵌　Urchin Spheres Mosaic　|　菲律宾、泰国、墨西哥、美国

犀咝蝰　Rhinoceros Viper　｜　中非

蓝蕉鹃　Great Blue Turaco　｜　刚果民主共和国

色螅金泽　Damselfly Wash　　｜　　马来西亚、印度尼西亚、菲律宾

食虫瓶子草　Carnivorous Pitcher Plants　　|　　美国

拟叶螽　Leaf Mimic Katydid　｜　泰国

蝴蝶鱼　Butterfly Fish　｜　夏威夷

眼镜蛇人造化石　　Cobra NeoFossil　　│　　马来西亚

乳白型东澳玫瑰鹦鹉 Opaline Eastern Rosella | 澳大利亚

斑斓海胆壳 Variegated Urchin Test | 菲律宾

陆龟集锦　Tortoise Mosaic　｜　非洲、委内瑞拉、印度

鲀　Puffer Fish　　│　　印度尼西亚

甲虫彩拼棱晶　　Buqueti Prism　　|　　印度尼西亚、泰国、日本

永生大丽花　　Preserved Dahlias　　|　　美国

玉髓上的鱼眼石　　Apophyllite on Chalcedony　　|　　印度

绿树蟒 蓝色型
Green Tree Python, Blue Phase

澳大利亚

199

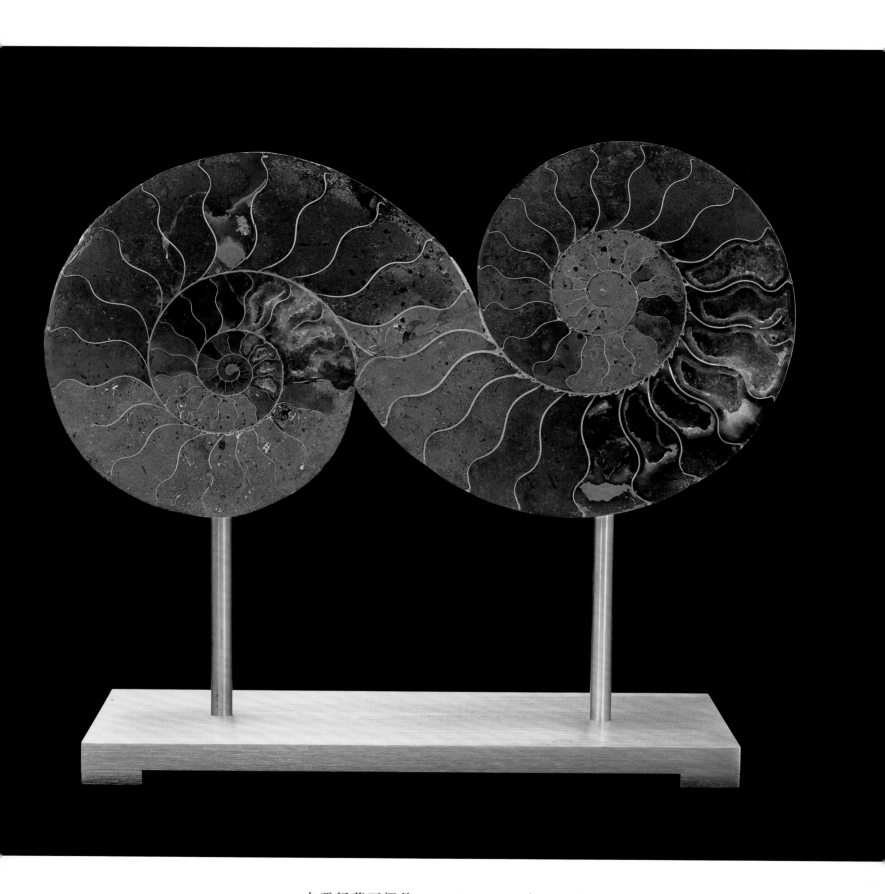

白垩纪菊石摆件　Nautilus Pedestal　│　马达加斯加

鹦鹉螺摆件　Nautilus Pedestal　｜　菲律宾

石 盐
Halite

|

墨西哥

202

大壁虎　Tokay Gecko　｜　新几内亚岛

锌孔雀石　Rosasite　｜　墨西哥

虫纹宝相花　Elegans Prism　｜　马来西亚、印度尼西亚、日本

金色型红领绿鹦鹉   Golden Olive Ring-Necked Parrot | 印度

响尾蛇　Pacific Rattlesnake　　｜　　美国西部

精致腔海胆 Exquisite Urchins | 新喀里多尼亚

尾萼兰永生花
Dracula Orchid Bloom

|

厄瓜多尔

杰克逊变色龙 Jackson's Chameleon | 肯尼亚

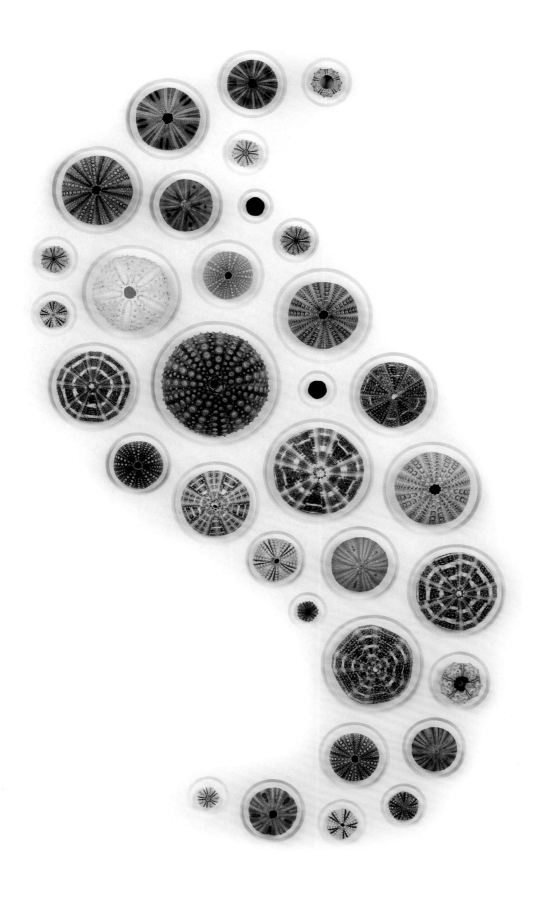

海胆球 Urchin Spheres | 泰国、菲律宾、美国、墨西哥

绡眼蝶　Cytheras　｜　秘鲁

蔷薇怒放　　Spray Roses　　｜　　厄瓜多尔

马蹄蟹编队 Horseshoe Crab Formation | 菲律宾

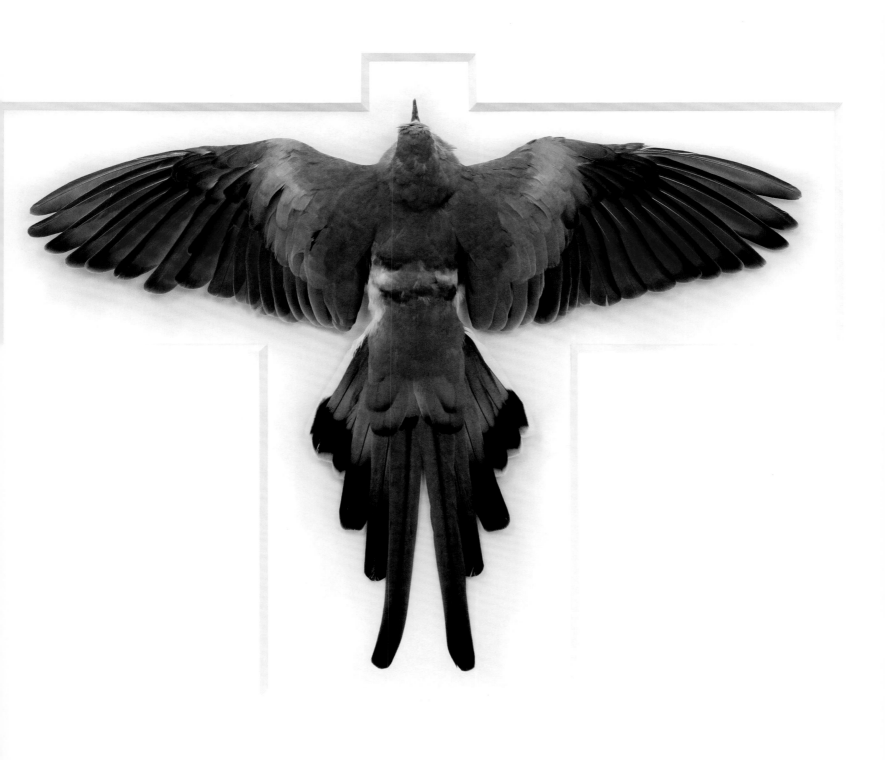

小长尾鸠　Cape Dove　｜　埃及

黄金蟒
Amelanistic Burmese Python

|

越南

216

永生蚁兰　Preserved Ant-Loving Orchid　|　委内瑞拉

片沸石上的水硅钒钙石和辉沸石　　Cavansite and Stilbite on Heulandite　　|　　印度

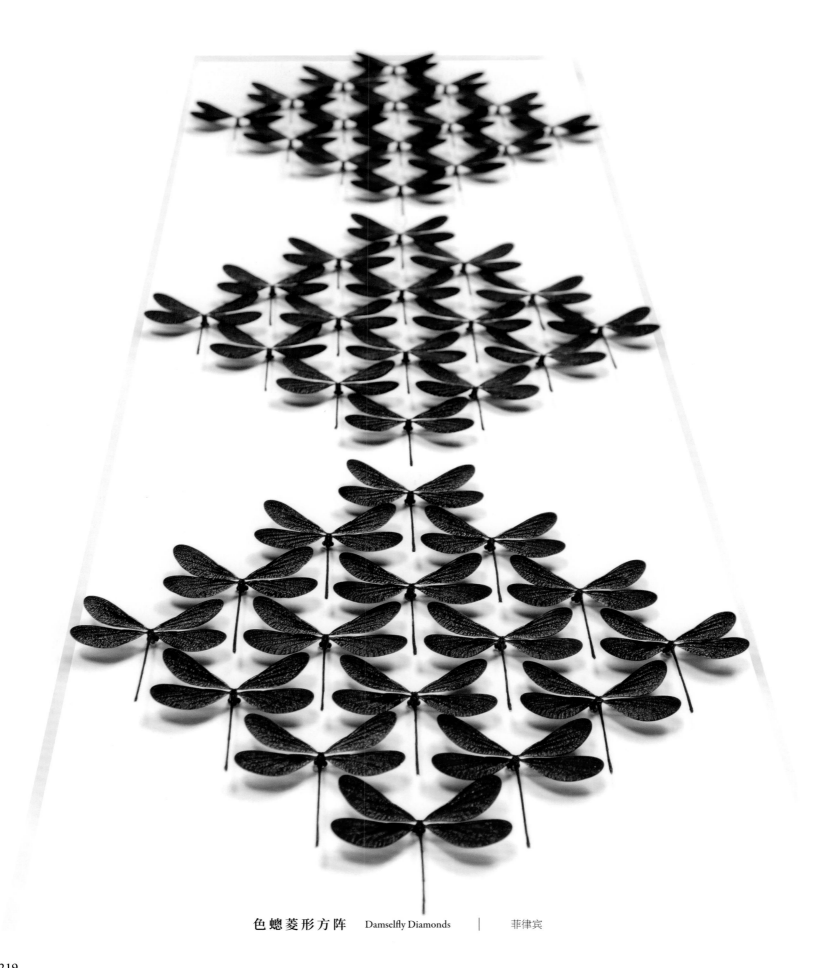

色 螅 菱 形 方 阵　　Damselfly Diamonds　　｜　　菲律宾

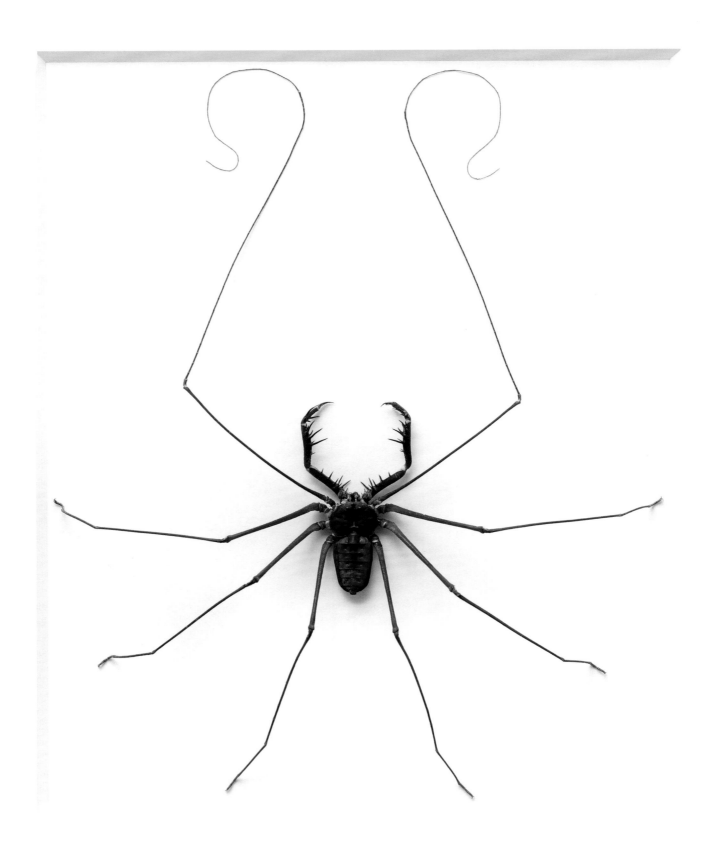

鞭 蛛　Whip Scorpion　│　秘鲁

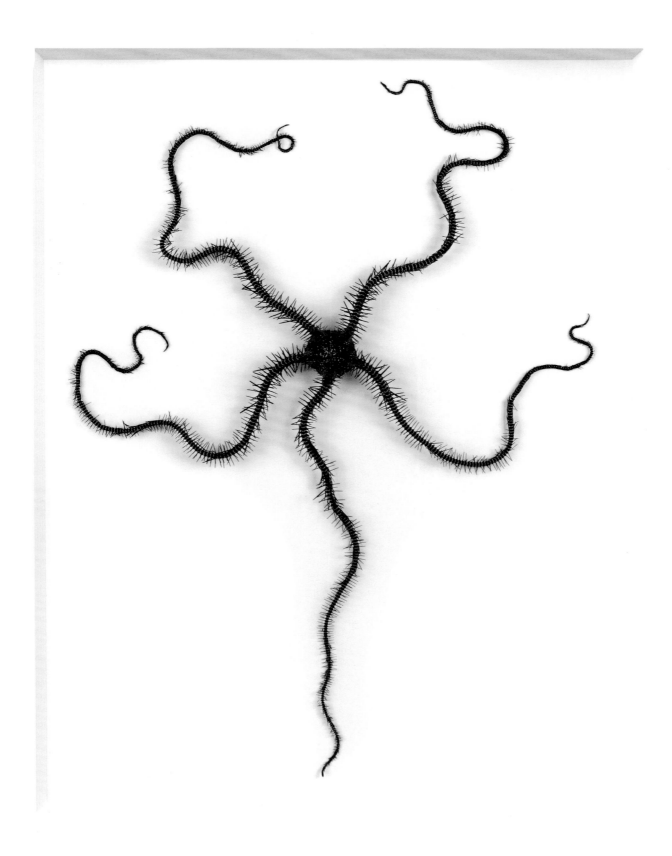

海蛇尾 Serpent Star | 加里曼丹岛

彩羽集锦 Feather Mosaic | 全球各地

限量版瑰丽满园　　Limited Aesthetica　　　|　　　全球各地

玉米锦蛇 Corn Snake | 美国

钒铅矿
Vanadinite

—

摩洛哥

红颜棱晶花 Sangaris Prism 泰国、印度尼西亚、中非、喀麦隆

朱红型东澳玫瑰鹦鹉　Rubino Eastern Rosella　｜　澳大利亚

地毯蟒
Carpet Python

|

澳大利亚

228

硫黄竹节虫　　Sulphur Walking Stick　　|　　马来西亚

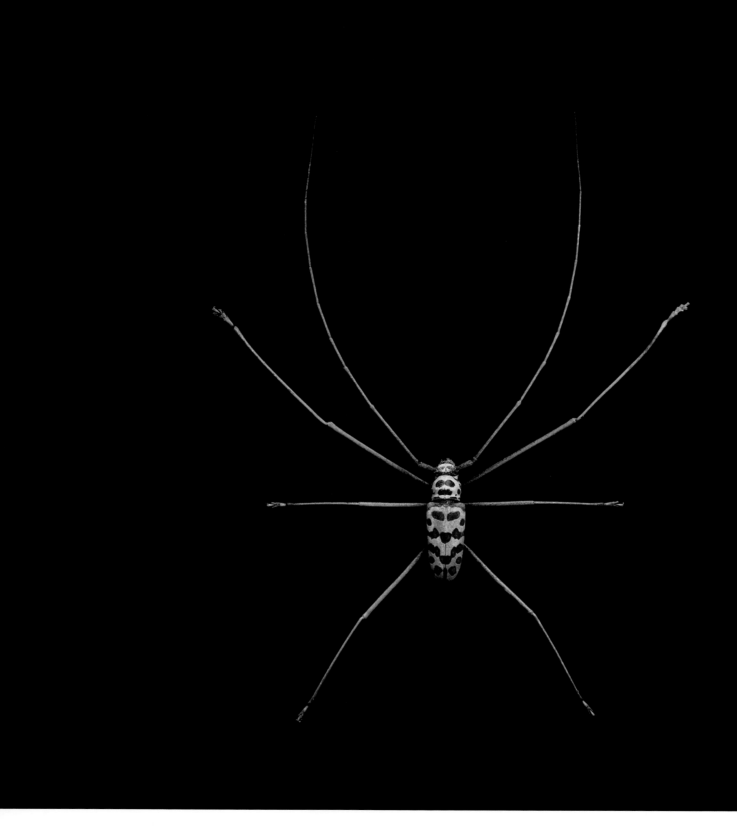

长角天牛　Long-Horned Borer　｜　泰国

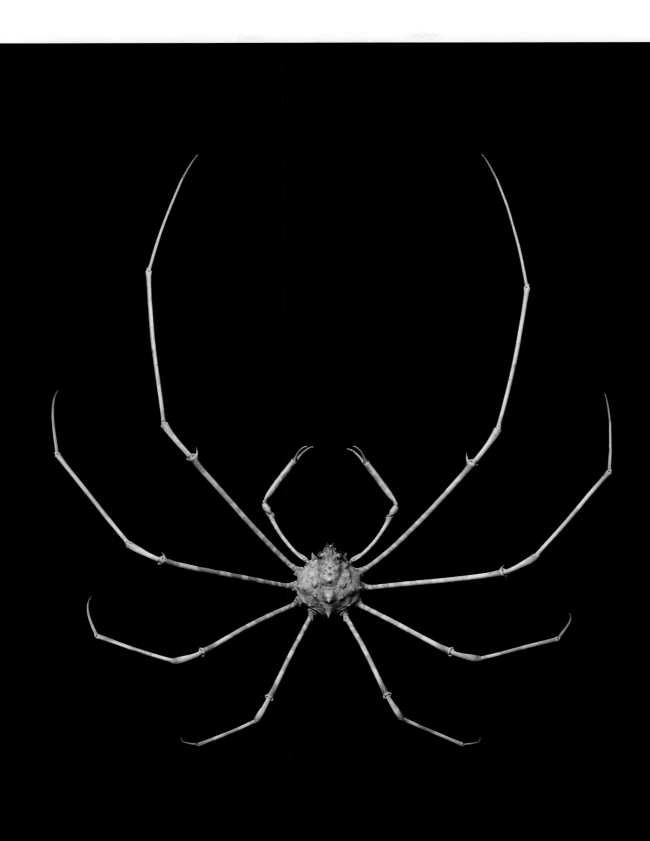

纤足蜘蛛蟹　　Attenuated Spider Crab　　|　　菲律宾

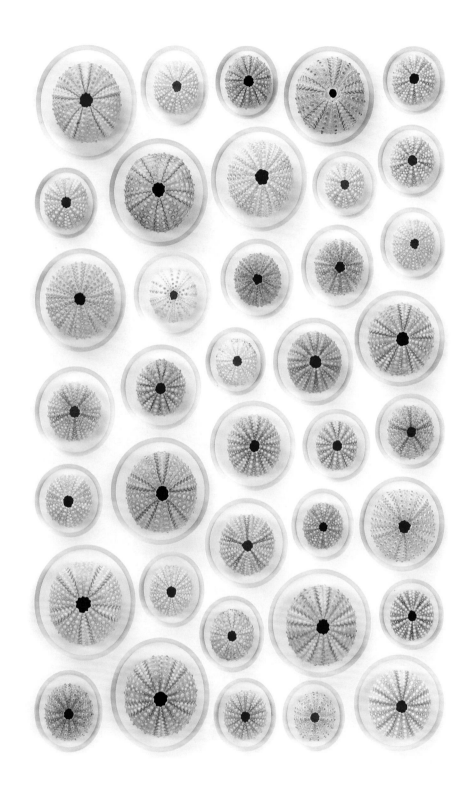

海胆马卡龙   Pastel Urchin Mosaic   │   菲律宾

片沸石和辉沸石　Heulandite and Stilbite　|　印度

太阳棱晶花　　Solar Prism　　｜　　秘鲁、菲律宾、美国

高冠变色龙　Veiled Chameleon　　　马达加斯加

志留纪海百合化石　Silurian Crinoid Fossil　｜　摩洛哥

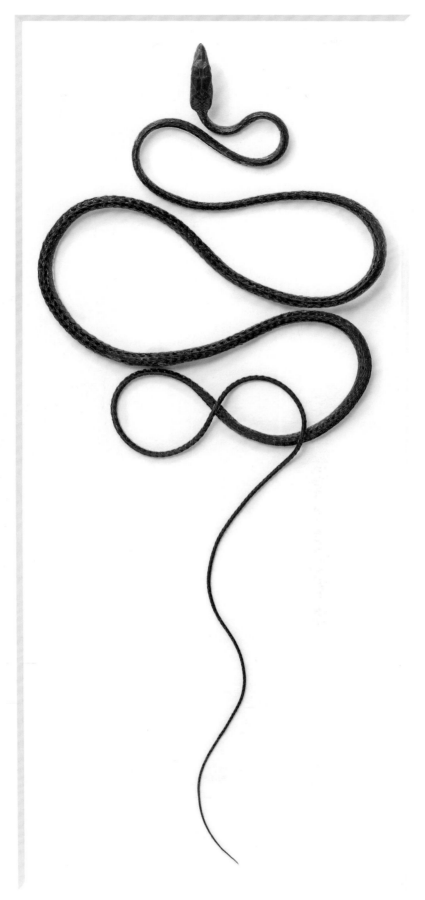

藤 蛇　Vine Snake　｜　马来西亚

永生堇花兰　Preserved Pansy Orchids　　｜　　巴西

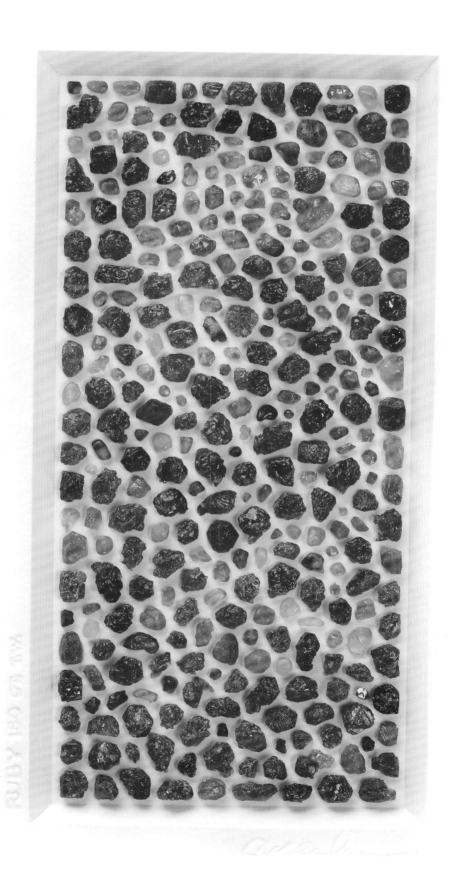

红宝石原石　　Rough Rubies　　｜　　马达加斯加

热带鱼荟萃　Tropical Fish Mosaic　｜　全球各地

花斑型红腰鹦鹉　Pied Red-Rumped Parrot　|　澳大利亚

球蟒 突变色型 Royal Python, Color Mutation | 加纳

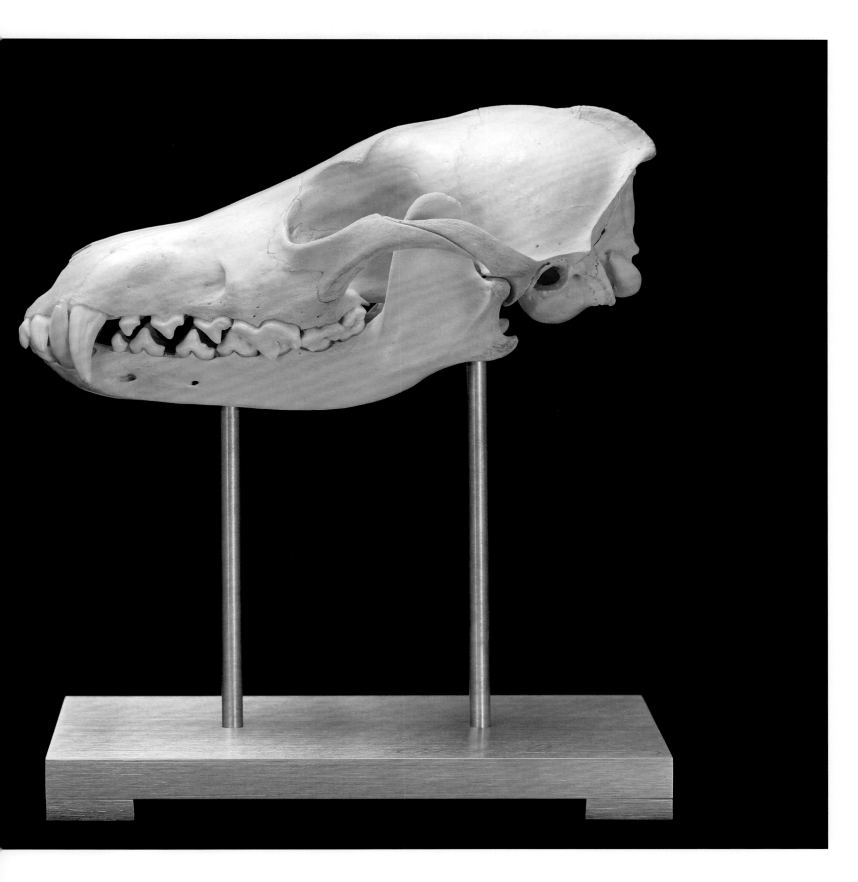

郊狼　Coyote　｜　美国

蜡蝉棱晶花   Lantern Fly Prism | 印度尼西亚、泰国

变装蟹三色型 Armored Crab Color Forms | 菲律宾

撒哈拉刺尾蜥
Saharan Uromastyx

|

阿尔及利亚

红鸟翼凤蝶　Fiery Birdwing Butterfly　|　巴布亚新几内亚

花斑型粉脸牡丹鹦鹉　Pied Agapornis Parrot　|　纳米比亚

初孵绿树蟒 Green Tree Python Hatchlings | 澳大利亚

霸王角蛙 Amazonian Horned Frog | 苏里南

非洲蝾螺　African Turbos　│　南非

澳大利亚虎皮鹦鹉　Australian Budgerigar　│　澳大利亚

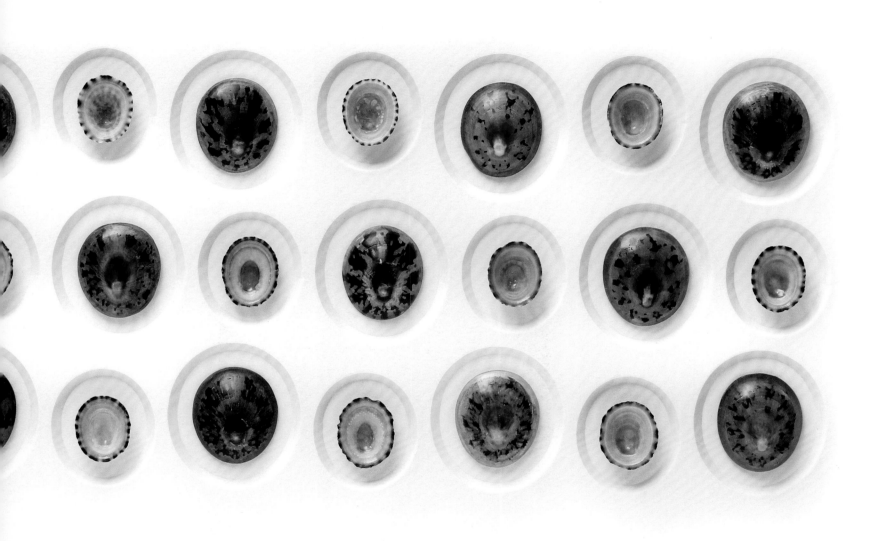

帽贝　Limpets　｜　太平洋

皱颈巨蜥　Black Roughneck Monitor　　|　　缅甸

眼环蝶集锦 Taenaris Anthology | 印度尼西亚、巴布亚新几内亚

蝴 蝶 花 开　　Inflorescence　　|　　菲律宾、秘鲁、印度尼西亚、法国

蓝黄金刚鹦鹉 Blue and Gold Macaw | 玻利维亚

火焰虾　Fire Shrimp　｜　斯里兰卡

花 岗 岩 上 的 速 成 晶 体   Accelerated Sulfate on Granite | 捷克

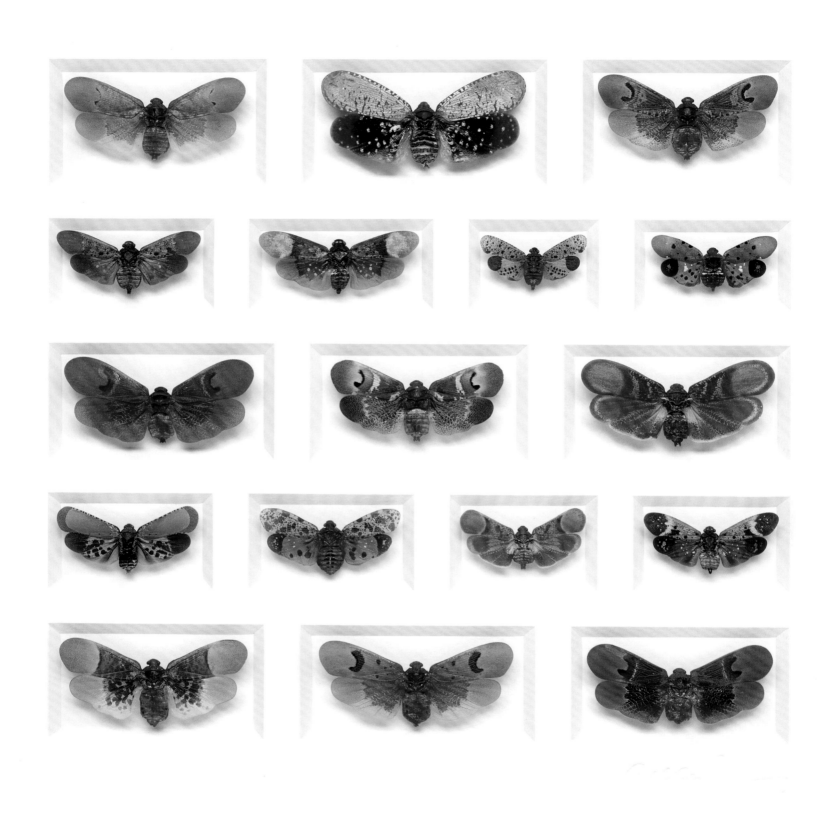

蜡蝉集锦　Planthopper Mosaic　｜　马来西亚、印度尼西亚、泰国

锌孔雀石　Rosasite　｜　墨西哥

作品介绍

INSECTS
昆虫

角蝉 P9

秘鲁伞背角蝉*Umbelligerus peruviensis*，委内瑞拉。毫无疑问，这是昆虫中最奇葩的种类之一。这种角蝉以其夸张的枝突为人所知，但这种结构的确切功能却仍是未解之谜。

满园瑰丽 P10—11

全球类群。近期我的拼嵌类系列作品越来越包容更多的节肢动物而不仅限于甲虫。我唯一的准则就是亮丽夺目：入选的种类要在色彩、光泽、质感或花纹上非常瞩目才称得上是世界上最美的虫子。这件作品里的标本囊括了来自六个大洲的种类。
作品尺寸：20 英寸 ×24 英寸[1]（另有 16 英寸 ×20 英寸、24 英寸 × 30 英寸版本）

蓝蝶翩翩 P12—13

闪蝶属 *Morpho* 及灰蝶科 Lycaenidae 种类，秘鲁、阿根廷、巴西、伊里安岛、苏拉威西岛、法国。如果你看到我在作品中使用了大量的闪蝶，那是因为它们几乎是完美的荧光色调色板，只有在我需要增加秩

序感的时候，才会加入其他材料。在这里，我将闪蝶家族异常美丽的光泽和灰蝶丰富的色调结合起来，完成了这件作品。
作品尺寸：24 英寸 × 30 英寸

彩虹蜣螂 P14

艳虹蜣螂 *Phanaeus tridens*，美国。

烁彩棱晶花 P15

由内向外：黄带金吉丁甲 *Chrysochroa fulgens*，泰国；萝藦肖叶甲 *Chrysochus* sp.，爪哇岛；彩虹锥齿吉丁甲 *Cyphogastra javanica*，马鲁古群岛；阔花金龟 *Torynorrhina* sp.，老挝；青柠色象甲 *Celebia arrigans*，苏拉威西岛；蓝紫金吉丁甲 *Chrysochroa fulminans*，爪哇岛；荒漠弗粪金龟 *Phelotrupes auratus*，日本；丽金龟 Rutelidae sp.，加里曼丹岛；丽金龟 Rutelidae sp.，泰国；瓢虫 Coccinellidae sp.，爪哇岛。
作品尺寸：20 英寸 × 24 英寸

柄眼怪蝇 P16—17

广口蝇[2] Platystomatidae sp.，印度尼

西亚。

锯眼蝶 P18

龙女锯眼蝶 *Elymnias nesaea*，巴厘岛；白翅尖粉蝶 *Appias albina*，民都洛岛。
作品尺寸：20 英寸 ×24 英寸

帛斑蝶典范 P19

印度尼西亚帛斑蝶：帛斑蝶 *Idea idea*，塞兰岛；纯帛斑蝶穆纳岛亚种 *Idea blanchardi munaensis*，布通；纯帛斑蝶指名亚种 *Idea blanchardi blanchardi*，苏拉威西岛。

青蜂 P20

蓝突背青蜂 *Stilbum cyanurum*，塞浦路斯。这种华丽的青蜂分布范围很广，遍及非洲大部、欧洲、亚洲、澳大拉西亚和许多太平洋岛屿。

叶甲方阵一号 P21

叶甲：萝藦肖叶甲 *Chrysochus* sp.，爪哇岛；萝藦肖叶甲 *Chrysochus* sp.，秘鲁。啊，壮志未酬！我原本的设想是要做一个体量庞大的叶甲方阵系列，但刚完成前三件作品我就已经头晕眼花，不得不放弃。
作品尺寸：24 英寸 × 30 英寸

限量版锹甲集锦 P22

锹甲 Lucanidae sp.，印度尼西亚、泰国、加里曼丹岛、智利。由于早期有过许多跟昆虫不愉快的遭遇，通常我认为自己能比较精确地把握收藏者对昆虫作品的接受程度。但这件作品却是个反面案例。我和团队成员花了数年在全球各地采集锹甲标本，并限量制作了 100 套锹甲集锦。论起锹甲，关键是看体型大小，而这个集锦中许多锹甲的体型可以进入世界纪录竞争者行列，是真正值得收藏的作品。但出乎意料的是，这个限量版的系列几乎无人问津。我无法理解其原因。在我看来，威武（虽然有压迫感）、精致的下颚是锹甲的标志性结构，是大自然匠心独运的设计。我在昆虫世界里还没见过比锹甲更迷人的构造。
作品尺寸：30 英寸 × 40 英寸

锹甲 P23

巨颚六节锹甲 *Hexarthrius mandibularis*，印度尼西亚。

金秀棱晶宝相花 P24

由内向外：金秀星天牛 *Anoplophora sollii*[3]，泰国；小蠹虫 Scolytinae sp.，喀麦隆；荒漠弗粪金龟 *Phelotrupes auratus*，日本；瓢虫 Coccinellidae sp.，印度尼西亚；美丽橙带蓝尺蛾 *Milionia fulgida*，巴厘岛。
作品尺寸：20 英寸 × 20 英寸

赤蝶光轮 P25

血漪蛱蝶 *Cymothoe sangaris*，中非。这是比之前著名的"太阳光轮"稍小但更加奔放的"光轮"版本。
作品尺寸：11 英寸 × 14 英寸

艳象甲攻击队 P26

艳象甲 *Eupholus* sp.，印度尼西亚、巴布亚新几内亚。
作品尺寸：16 英寸 × 20 英寸

溢彩翠凤蝶 P27

由上至下、由左至右：五斑翠凤蝶 *Papilio lorquinianus*，哈马黑拉岛；翡翠凤蝶 *Papilio peranthus*，苏拉威西岛；小天使翠凤蝶 *Papilio palinurus*，马来西亚；卡尔娜翠凤蝶 *Papilio karna*，爪哇岛。
作品尺寸：16 英寸 × 20 英寸

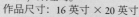

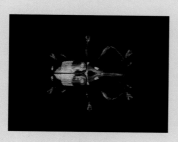

热带象甲 P28

长足象甲 *Alcidodes* sp.，菲律宾。

长刺伪瓢甲 P29

卡伪瓢虫[4] *Cacodaemon* sp.，加里曼丹岛。

球结犄角蝉 P30

球结犄角蝉 *Bocydium globulare*，巴西。这种昆虫的前胸背板上具有夸张又精巧的突起，其功能尚不可知，但作为独居生物种，这个结构一定有什么用处。

天牛十字棱晶 P31

由内向外：大黑斑齿胫天牛 *Paraleprodera crucifera*，泰国；高山丽天牛 *Rosalia alpina*，斯洛文尼亚；荒漠弗粪金龟 *Phelotrupes armatus*，日本；瓢虫 Coccinellidae sp.，印度尼西亚。
作品尺寸：16 英寸 × 20 英寸

宝石金龟棱晶宝相花 P32—33

由内向外：天蓝单爪鳃金龟 *Hoplia coerulea*，法国；玫红色型宝石青金龟 *Chrysina aurigans*，哥斯达黎加；瓢虫 Coccinellidae sp.，印度尼西

亚；普通色型宝石青金龟 *Chrysina aurigans*，哥斯达黎加；施氏宝石青金龟 *Chrysina strasseni*，洪都拉斯；叶甲 Chrysomelidae sp.，爪哇岛；玲珑荆树金龟 *Anoplognathus parvulus*，澳大利亚；美丽凹头吉丁甲 *Sternocera pulchra*，坦桑尼亚；优宝石青金龟 *Chrysina optima*，哥斯达黎加；贝氏宝石青金龟 *Chrysina batesi*，哥斯达黎加；鳃金龟 Melolonthinae sp.，加里曼丹岛。澳大利亚和中美洲的宝石金龟的确贵如黄金。它们的栖息地非常偏远，基本不受人类干扰，即使是那些经验丰富又极致狂热的昆虫爱好者，在没有直升机的情况下尝试采集它们也必须依靠非同寻常的运气。这是我经历过无数次失败后得出的血泪教训。在收藏圈子里，某些宝石金龟的珍稀程度只有在那些偶尔出现的变异色型面前才稍显逊色。正常情况下，宝石金龟多为抛光、拉丝或镀铬质感的金色或银色，但在特定温度和湿度条件下，它们可以发育成色彩更为绚丽的变异个体。过去的十五年间，我一直在收集这类变异标本。
作品尺寸：24 英寸 × 30 英寸

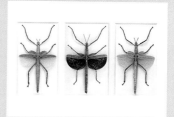

竹节虫标兵 P34—35

暗红宽胫竹节虫 *Eurycnema versirubra*，橙色及绿色型，爪哇岛；斑栅竹节虫 *Anchiale maculata*，哈马黑拉岛。这些雌性竹节虫比其雄性个体要大出不少。但雌虫无法像雄虫一样真正地飞翔，在躲避潜在的捕食者时，它们往往会在树冠之间滑翔。

热带蝉　P36

丽蝉 *Salvazana mirabilis*，泰国；白斑雪蝉 *Ayuthia spectibilis*，泰国；帝王丽蝉 *Salvazana imperialis*，泰国；条迪氏蝉 *Distantalna splendida*，泰国。蝉是夜间昆虫采集者的噩梦——也是在大发生期[5]不幸与其作邻的所有具有听力的生物的噩梦，它们个头很大，动作很快而且行为没什么规律。尤其是在昆虫灯诱时，蝉就像是不辨东西的醉鬼或蠢蛋，要么乱飞扑到你脸上，要么一头栽进旁边的篝火里。不过，偶尔也有一些色彩精妙优雅的个体，那唯美的外表往往会让人忽略其粗鲁的行为。
作品尺寸：16 英寸 × 20 英寸

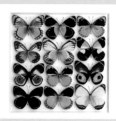

斑粉蝶　P37

斑粉蝶 *Delias* spp.，印度尼西亚和巴布亚新几内亚。斑粉蝶属是个非常成功的类群，几乎遍布整个亚洲，属内物种能适应多种生态系统，甚至在海拔约 3000 米的高海拔地区也能见到其踪影。
作品尺寸：16 英寸 ×20 英寸（另有 20 英寸 × 24 英寸、30 英寸 × 40 英寸版本）

青蜂　P38—39

红丽青蜂 *Chrysura refulgens*，马其顿。

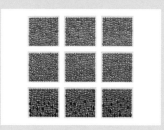

叶甲方阵三号、叶甲方阵二号　P40—41

金色萝藦肖叶甲 *Chrysochus auratus*，爪哇岛；萝藦肖叶甲 *Chrysochus* sp.，秘鲁。萝藦肖叶甲属的甲虫在一些寄主条件较好的印度尼西亚群岛上非常常见。处理这些既小又脆的标本，非常吃力。在消耗了无数光阴后，我原本想要制作大量叶甲方阵系列的激情也被磨灭了。
作品尺寸：24 英寸 × 30 英寸

蜻蜓战机编队　P42

蜻蜓 Anisoptera spp.，泰国、马来西亚、印度尼西亚、美国。昆虫的类群太多了，昆虫学家和爱好者往往只能选择其中一两个领域进行深入研究。我更熟悉热带地区的昆虫，因为那里总能发现最美丽、最绚烂以及最奇异的种类。而对温带地区的大多数种类，我几乎没什么了解。因此当我从色彩斑斓的豆娘类（束翅亚目 Zygoptera）转向蜻蜓类（差翅亚目 Anisoptera）时，我惊讶地发现自己在拉丁美洲和亚洲地区抓到的所有种类看起来都没什么区别：体棕色，翅透明。我发现自己只能一次次重复这句感叹："我在俄勒冈州见过的蜻蜓都比这个漂亮！"最后，我终于厌倦了重复这样的经历，于是开始在家乡附近寻找蜻蜓。接下来，我很快就明白，原来世界上最漂亮的蜻蜓

就在家门口的北美洲。这是美国国产的一架架微型战机！
作品尺寸：24 英寸 × 24 英寸

王者蚁蛉　P43

须蚁蛉 *Palpares* sp.，泰国。蚁狮脱胎换骨羽化为蚁蛉的过程——从凶险邪恶令人憎恶的幼虫蜕变为优雅轻盈的成虫——堪称一段让所有人充满希望的励志故事。

锦绣图蛱蝶　P44

图蛱蝶 *Callicore* spp.，秘鲁。图蛱蝶并不以其翅正面（背面）的特征而闻名，相反，人们熟知的是其翅反面（腹面）错综复杂的精致斑纹，其中有些会组成像字母或者数字一样的图案。正因如此，这类蝴蝶也被俗称为"88 蝶"。
作品尺寸：20 英寸 × 24 英寸

瑰丽艺术拼嵌　P45

全球类群。我的昆虫标本艺术拼嵌系列作品制作了多种不同尺寸的款式可供选择，因此每件作品最后都标注了相应的规格以作区分。作

品中的标本囊括了来自全球六个大洲的昆虫类群。
作品尺寸：24 英寸 × 30 英寸（另有 16 英寸 ×20 英寸和 20 英寸 × 24 英寸版本）

棱晶宝相花五号　P46—47

由内向外：金属色吉丁 *Obenbergerula bakeri*，朗布隆岛；萝藦肖叶甲 *Chrysochus* sp.，爪哇岛；华丽娄吉丁甲 *Belionota sumptuosa*，莫罗泰岛；蓝紫金吉丁甲西山氏亚种 *Chrysochroa fulminans nishiyamai*，锡穆克岛；红阔花金龟奇氏亚种 *Torynorrhina flammea chicheryi*，马来西亚；玫瑰茄窄吉丁甲 *Agrilus acutus*，爪哇岛；鳃金龟 Melolonthinae sp.，加里曼丹岛；蛙腿茎甲 *Sagra buqueti*，马来西亚；瓢虫 Coccinellidae sp.，印度尼西亚；丽金龟 Rutelidae sp.，泰国；荒漠弗粪金龟 *Phelotrupes auratus*，日本；美丽凹头吉丁甲 *Sternocera pulchra*，坦桑尼亚；金色萝藦肖叶甲 *Chrysochus auratus*，苏拉威西岛。
作品尺寸：24 英寸 × 30 英寸

热带蝗虫　P48

橙斑排点褐蚱褐色亚种 *Tropidacris cristata dux*，危地马拉。这是世界上最大的蝗虫之一，幸运的是，目前这种蝗虫还没出现聚集成灾的现象，因此并未被列为农业害虫。

华丽娄吉丁　P49

华丽娄吉丁甲 *Belionota sumptuosa*，莫罗泰岛。
作品尺寸：16 英寸 ×20 英寸

闪光棱晶花　P50

由内向外：夜光闪蝶 *Morpho sulkowskyi*，秘鲁；青蓝娆灰蝶 *Arhopala hercules*，苏拉威西岛；阿地娆灰蝶 *Arhopala admete*，印度尼西亚索龙；普蓝眼灰蝶 *Polyommatus icarus*，法国；双尾灰蝶 *Tajuria* sp.，印度尼西亚。
作品尺寸：24 英寸 ×30 英寸

华美棱晶宝相花　P51

由内向外：叶甲 *Chrysomelidae* sp.，老挝；叶甲 *Chrysomelidae* sp.，印度尼西亚；美丽凹头吉丁甲 *Sternocera pulchra*，坦桑尼亚；华丽娄吉丁甲 *Belionota sumptuosa*，印度尼西亚；海娆灰蝶 *Arhopala herculina*，印度尼西亚；莱氏溪螅 *Euphaea laidlawi*，菲律宾；夏氏武粪金龟 *Enoplotrupes sharpi*，泰国；瓢虫 *Coccinellidae* sp.，印度尼西亚；荒漠弗粪金龟

Phelotrupes auratus，日本；天蓝单爪鳃金龟 *Hoplia coerulea*，法国；萝藦肖叶甲 *Chrysochus* sp.，印度尼西亚。
作品尺寸：24 英寸 ×24 英寸

限量版甲虫拼嵌棱晶　P52

全球类群。甲虫拼嵌棱晶系列，全球限量发行 100 套。
作品尺寸：24 英寸 ×30 英寸

彩虹丽金龟　P53

异丽金龟 *Anomala* sp.，老挝。

透翅蝶　P54

拟晶眼蝶 *Pseudohaetera hypaesia*，秘鲁。
作品尺寸：16 英寸 ×20 英寸

透翅蛾　P55

透翅裳蛾 *Cocytia durvillii*，印度尼西亚阿鲁群岛。
作品尺寸：20 英寸 ×24 英寸

限量版灰蝶拼嵌　P56

灰蝶 *Lycaenidae* sp.，东南亚。本作品的制作难度很高。首先，灰蝶不会大量聚集发生，因此采集灰蝶标本没有捷径可走，每一枚标本的获得都需要碰运气。其次，灰蝶的飞行很灵活。我已经数不清有多少次看着空荡荡的网兜满脸不可置信了，我发誓挥网时明明是看着灰蝶落入网中央的，但它就是神奇地消失了，以至于我反复检查网兜是否破了洞。仅仅是寻找和捕获就已经如此不易，更何况灰蝶飞行时振翅很快，雄性之间又常常发生打斗，这一切都会破坏它们那极其脆弱的翅面鳞片，以至于在它们短暂的成虫生涯中，蝶翅往往在羽化不久后就出现破损了。因此，想要得到一枚精美完整、能够作为创作素材的灰蝶标本十分不易。最后，就算一枚标本完好无损地经历了采集、熏杀、野外干燥、整装、运到工作室并重新回软，接下来还要进行展翅、整姿、干燥和手工拼贴等步骤，每一步都很容易损伤作废。可以说，这件作品是当之无愧的限量版作品！
作品尺寸：24 英寸 ×30 英寸

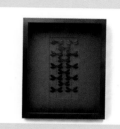

色螅金泽　P57

莱氏溪螅 *Euphaea laidlawi*，菲律宾。或许世界上色彩最艳丽的豆娘就是莱氏溪螅，它们的体色会在一定范围内发生变化。在这件作品中，它们被排列成渐变色调，从绿油油到蓝莹莹，一只比一只色彩浓郁。
作品尺寸：20 英寸 ×24 英寸（另有 24 英寸 ×30 英寸版本）

行进的象甲　P58

艳象甲 *Eupholus* sp. 和鳞象甲 *Rhinoscapha* sp.，印度尼西亚，巴布亚新几内亚。这件作品是之前 11 英寸 ×14 英寸的小幅作品的续作。"行进的象甲"最大的特色是包含了产自菲律宾的厚喙象甲属 *Pachyrhynchus* 的种类。
作品尺寸：16 英寸 ×20 英寸

限量版瑰丽拼嵌棱晶　P59

由内至外：美丽凹头吉丁甲 *Sternocera pulchra*，坦桑尼亚；莱氏溪螅 *Euphaea laidlawi*，菲律宾；盾蝽 *Scutelleridae* sp.，爪哇岛；非宽花金龟 *Chlorocala africana*，坦桑尼

SEA CREATURES
海洋生物

亚；丽金龟 Rutelidae sp.，泰国；瓢虫 Coccinellidae sp.，印度尼西亚；黎明闪蝶 *Morpho aurora*，秘鲁；优宝石青金龟 *Chrysina optima*，哥斯达黎加；天蓝单爪鳃金龟 *Hoplia coerulea*，法国；蓝紫金吉丁甲钴色亚种 *Chrysochroa fulminans cobaltina*，菲律宾；夜光闪蝶 *Morpho sulkowskyi*，秘鲁；青蓝娆灰蝶 *Arhopala hercules*，苏拉威西岛；青蜂 Chrysididae sp.，秘鲁。
作品尺寸：30 英寸 ×40 英寸

章鱼触手　P61

真蛸 *Octopus vulgaris*，大西洋。

海胆球　P62—63

海胆 Echinoidea sp.，泰国、菲律宾、墨西哥、美国。海胆的外壳由石灰质骨板组成，被称为"介壳"。
作品尺寸：32 英寸 × 40 英寸

"永生"章鱼　P64

真蛸 *Octopus vulgaris*，大西洋。头足动物的标本保存难度非常之大。目前为止，我仅有的几件成功作品也是侥幸得来。不过，这类动物的肌肉组织中脂肪含量非常低，一旦标本成功制作定型，就能长期保存而几乎经久不衰。

藤壶状海胆　P65

白突柄头帕 *Stylocidaris albidens*，菲律宾。

海胆马卡龙　P66—67

梅氏长海胆 *Echinometra mathaei*，菲律宾。一种分布范围覆盖半个地球的常见穴居海胆，会在岩礁上挖出洞穴作为栖身之所。
作品尺寸：24 英寸 × 30 英寸

蜘蛛蟹　P68

突颚密刺蟹 *Pleistacantha cervicornis*，菲律宾。海面以下 250 米深处。

棘刺长腿蟹　P69

棘刺长腿蟹 *Naxioides teatui*，菲律宾。海面以下 200 米深处。

七星刀鱼　P70

铠甲弓背鱼 *Chitala* sp.，泰国。这是一种原产于中南半岛和泰国的肉食性淡水鱼，在美国属于入侵物种，已对美国南部的原生鱼类和两栖类造成生态风险。

海马骨架　P71

海马 *Hippocampus* sp.，菲律宾。用磨碎的海马制作的药粉是一味常见的中药，被用于治疗阳痿（这在中药里很特别）。

粗糙蚀菱蟹　P72

粗糙蚀菱蟹 *Daldorfia horrida*，菲律宾。海面以下 15 米深处。

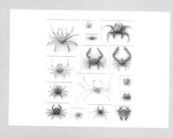

十足动物荟萃　P73

短尾亚目 Brachyura sp.，菲律宾。
作品尺寸：32 英寸 × 40 英寸

卫星海胆　P74

轮刺棘头帕 Prionocidaris verticillata，
菲律宾。
作品尺寸：16 英寸 × 20 英寸

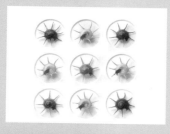

闪耀星螺　P75

长棘星螺 Guildfordia yoka，菲律宾。
正是这个美丽的物种让我在十年
前下定决心开始做贝壳艺术品。
作品尺寸：16 英寸 × 20 英寸

美拉迪腔海胆　P76

美拉迪腔海胆 Coelopleurus maillardi，
菲律宾。这种海胆结构精巧复杂，
其外壳不论是剥得光溜溜的还是
留着针一样的棘刺，都非常特别。

五彩龙虾　P77

龙虾 Panulirus sp.，印度尼西亚。

鹦鹉螺　P78

珍珠鹦鹉螺 Nautilus pompilius，菲
律宾。在自然界中，珍珠鹦鹉螺可
能是最奇怪的头足类动物，它挥舞
着 90 多条短短的、光溜溜的触须，
瞪着结构原始、不合比例的大眼
睛，还裹着"不合身"的肉质外套
膜。它在水下那缓慢又顿挫的尴尬
游姿只会让其形象显得更加稀奇
古怪。不过，几个世纪以来，鹦鹉
螺壳中呈对数比例螺旋生长的腔
室一直都让人们津津乐道，因为它
是自然形成的几何螺线的典范。不
论是原壳还是经过打磨抛光（如图
所示），鹦鹉螺都是软体动物中最
美的代表之一。
作品尺寸：32 英寸 × 20 英寸

鹦鹉螺三联　P79

珍珠鹦鹉螺 Nautilus pompilius，菲
律宾。鹦鹉螺三分切作品。
作品尺寸：18 英寸 × 24 英寸

皇帝神仙鱼　P80

主刺盖鱼 Pomacanthus imperator，红
海。这种美丽的鱼在其一生的前两
三年间会呈现截然不同但同样复
杂的斑纹，直到最终变成本作品所
示的成体形态。

君威神仙鱼　P81

双棘甲尻鱼 Pygoplites diacanthus，
印度洋。尽管保存完好（我自认如
此），但热带鱼类干制标本的保色
持久性尚无定论。

章鱼　P82—83

真蛸 Octopus vulgaris，大西洋。章
鱼堪称地球上最让人惊诧不已而
又啼笑皆非的生物之一。它们没有
骨骼，寿命很短，但也许是世界上
最聪明的无脊椎动物。章鱼一生只
繁殖一代，这对于雌雄两性而言都

非常冒险。章鱼那逃脱牢笼、使用
工具以及解决问题的传奇能力让
人倍感震惊。假如连出众的体色伪
装或是排干墨囊都无法躲避天敌
的追杀，它们就会断掉一条明显还
活蹦乱跳的触手从而逃生。多数章
鱼种类是有毒的，其中一种可能是
地球上最致命的有毒生物。确实，
这是一类充满传奇色彩的动物。

斑斓海胆　P84—85

美拉迪腔海胆 Coelopleurus maillardi，
菲律宾。长着长刺的美拉迪腔海胆
是外壳最美的海胆之一。我曾阅尽
数千个美拉迪腔海胆标本，每个都
独一无二。

卵石蟹　P86

大等螯蟹 Parilia major，菲律宾。
水面以下 100 米深处。

拖鞋龙虾　P87

毛缘扇虾 Ibacus ciliatus，菲律宾。
水面以下 125 米深处。

REPTILES
爬行动物

条纹猫鲨 P88

点纹斑竹鲨 *Chiloscyllium punctatum*，日本。这是一种小型鲨鱼（体长 1 米），它是机会主义捕食者，所有它能捕获的鱼类、头足类、甲壳类或软体动物都在它的食谱上。

普通鱿 P89

普通鱿 *Loligo vulgaris*，大西洋。一种分布广泛的鱿鱼，也是世界各地热销的海产品。

普埃布拉奶蛇　杏黄选育色型 P91

普埃布拉奶蛇 *Lampropeltis triangulum campbelli*，墨西哥。

锡那罗亚奶蛇　斑点色型、高山王蛇、灰带王蛇 P92—93

锡那罗亚奶蛇 *Lampropeltis triangulum sinaloae*，墨西哥；加州山王蛇 *Lampropeltis zonata*，美国西部及墨西哥；灰带王蛇 *Lampropeltis alterna*，美国南部及墨西哥。

珊瑚蛇、纳尔逊奶蛇　白化色型、纳尔逊奶蛇 P94

金黄珊瑚蛇 *Micrurus fulvius*，美国东部；纳尔逊奶蛇 *Lampropeltis triangulum nelsoni*，墨西哥；纳尔逊奶蛇 *Lampropeltis triangulum nelsoni*，墨西哥。

红竹蛇 P95

紫灰锦蛇黑线亚种 *Oreocryptophis porphyracea nigrofasciata*，泰国。

吉拉毒蜥 P96

钝尾毒蜥 *Heloderma suspectum*，美国。这是世界上仅有的两种毒蜥之一，在野外相对罕见，有人活动的地区更是难觅其踪迹。

撒哈拉刺尾蜥 P97

撒哈拉刺尾蜥 *Uromastyx geyri*，阿尔及利亚。在我还是个爬宠饲养新手时，养过的唯——一条撒哈拉刺尾蜥是暗淡的灰褐色，看起来丑兮兮的（这么说有点对不住刺尾蜥，但我真的这么认为）。那时我都不知道在其北非分布范围内的不同区域还有另外两种色型的撒哈拉刺尾蜥也很常见——一种是荧光黄色，一种是落日橙色。现在我是它们的超级粉丝了。

眼镜王蛇 P98

眼镜王蛇 *Ophiophagus hannah*，缅甸。

印度眼镜蛇 P99

印度眼镜蛇 *Naja naja*，斯里兰卡。在美国，饲养毒蛇的机构或人员越来越少了。剩下屈指可数的那些饲养者，往往饲养技术精湛且毅力顽强，而且对外界保持着理所当然的防备心理，因为如今的法律限制这类商品交易，有的地方法规甚至完全禁止毒蛇交易。这实在让人非常遗憾。那些最漂亮最迷人的蛇类中有不少就是有毒的，虽然与这些毒蛇相处有点危险，但其实很少发生意外事件。与其他非主流的小众爱好类似，有毒爬行动物的饲育面临断绝的风险。

小斑响尾蛇 P100

小斑响尾蛇 *Crotalus mitchellii*，美国、墨西哥。这件标本与其他作品一样，也是圈养环境下的死亡个体。当我看到标本时感到很讶异，因为我从没见过这种色型的小斑响尾蛇。我认为它是响尾蛇中最典雅的种类之一。

美国短吻鳄头骨　P101

美国短吻鳄 *Alligator mississippiensis*，美国南部。在美国南部生活着这个国家最大的爬行动物。尽管在 20 世纪 60 年代，这种短吻鳄的物种地位受到质疑，但持续的保护和繁育工作使其种群得以恢复，现在美国短吻鳄在路易斯安那州、佐治亚州、佛罗里达州和亚拉巴马州的很多地方都很常见。每年，上万的养殖鳄鱼被用于皮革制作和食用，但其骨架都被抛弃，在我看来，这是对工艺品的可怕糟践。

球蟒　普通色型　P102

球蟒 *Python regius*，加纳。曾经这是各个宠物店里最不值一提的种类，如今却成为最热门最活跃的常规爬宠。球蟒也被称为皇蟒，经过长期选育，如今已经培育出多达数百种色型。球蟒不仅具有理想爬宠所应有的饲养成本低廉、性情温顺安静等优点，而且还是可以合法饲养的种类。在我看来，以上这些因素综合起来，让球蟒成为一种近乎完美的爬宠。

球蟒　莫哈韦色型　P103

球蟒 *Python regius*，科特迪瓦。

睫角守宫　P104

睫角守宫 *Correlophus ciliatus*，新喀里多尼亚。令人难以置信的是，这种壁虎在二十年前曾一度被认为已灭绝。随后，人们重新发现了这个物种，并将一些繁殖对依法转移到欧洲和美国，尝试建立圈养种群以应对灭绝风险。爬行动物饲养者很快大显身手，二十年间，睫角守宫成了世界上最广泛饲养的壁虎种类。尽管在新喀里多尼亚南部狭小的原生分布地，睫角守宫仍然数量稀少，但作为一个物种，它至少在圈养条件下化险为夷。

铜头蝮　P105

铜头蝮 *Agkistrodon contortrix*，美国。尽管在众多好看的北美蛇类中，铜头蝮平平无奇，但人工饲养的铜头蝮非常难得。因此，这也是我经手处理的唯一一件该物种标本。

犀咝蝰　P106—107

犀咝蝰 *Bitis nasicornis*，中非。由于毒液成分复杂，兼具神经毒素和血循毒素，犀咝蝰是非洲最致命的几种毒蛇之一，同时也是爬宠饲养中最常见的毒蛇种类。当然，这里的"常见"是相对的，但其非凡的形态和复杂斑斓的花纹让饲养机构和爱好者甘冒风险也要争相饲养它们。得益于此，我也能获得相当数量的标本来源。

王蛇和玉米锦蛇杂交后代　P108

墨西哥王蛇塞耶亚种 *Lampropeltis mexicana thayeri* × 玉米锦蛇指名亚种 *Pantherophis guttatus guttatus*，美国。新莱昂王蛇和玉米蛇锦杂交而出的稀有个体。

纳尔逊奶蛇　白化色型　P109

纳尔逊奶蛇 *Lampropeltis triangulum nelsoni*，墨西哥。

绿树蟒　P110

绿树蟒 *Morelia viridis*，澳大利亚。得益于人工繁育技术的成熟，我有幸能不断获得该物种的材料。然而，绿树蟒是树栖蛇，总是收缩腹部的肌肉盘在树枝或藤蔓上。因此死后的绿树蟒腹部似乎永远无法放松，这极大地限制了我的发挥，无法完美地展现这个物种最优雅的姿态。这里扭曲的体态总让我想起卡奥——《森林王子》（*The Jungle Book*）里诱惑毛克利的巨蟒。

高冠变色龙　P111

高冠变色龙 *Chamaeleo calyptratus*，马达加斯加。对我的创作而言，这是一个理想的物种：它体色绚丽多变，在爬宠圈中常见，寿命相对较短，因此死亡个体的供应会比较多。我喜欢这种野性而神秘的动物与光滑的金属杆组合在一起而产生的独特效果。

东部菱斑响尾蛇　P112—113

东部菱斑响尾蛇 *Crotalus adamantaeus*，美国。这是北美地区最大、最致命的毒蛇，也是西半球体重最大的毒蛇。成蛇体长可达 2.4 米，毒牙长达 2.5 厘米，既美艳又骇人。

球蟒 花斑色型 P114

球蟒 *Python regius*，尼日利亚。在这个色型变化堪称无穷无尽的物种中，这是我最喜欢的色型。我喜欢花斑，因为没有两件标本是相似的——它身上的白色斑纹可能呈现任意形状和大小。

圆鼻巨蜥 P115

圆鼻巨蜥 *Varanus salvator*，印度尼西亚。尽管我生来就对爬行动物怀着深沉的喜爱，但我承认巨蜥类永远在我心中占据着最重要的位置。从我孩童时期在一本 20 世纪 50 年代的书上看到沙巨蜥黑白照片的那一刻起，我就迷上了它们像龙一样的体型、超大的爪子和强有力的粗尾。它们是动物界中神秘和野性的象征。我自己曾成功饲养了几种巨蜥，大多都很温驯。在二十多岁时我养了一条杜氏巨蜥，它似乎更喜欢跟着我在院子里游荡，而不是独自探索世界。它们可能是最聪明的爬行动物，当然也是最值得与之互动的爬行动物之一。

绿树蟒 P116

绿树蟒 *Morelia viridis*，澳大利亚。刚刚破壳而出的绿树蟒就有柠檬色、赤红色、鲜橙色或者红褐色等各种色型，每一种都有明显的斑纹。这些丰富的色型真是视觉的盛宴。

玉斑锦蛇 P117

玉斑锦蛇 *Euprepiophis mandarinus*，中国。

BIRDS
鸟类

黄头鹦哥 P119

黄头鹦哥 *Amazona oratrix*，危地马拉。"头去哪儿了？"如果这个问题我每回答一次就收一枚硬币，到现在都能攒一大笔钱了。用这种方式来呈现鹦鹉类标本，我是有考虑的。首先，我很偏爱这个方案。我并非标本制作师（这很明显）。我的作品不是为了让观众畅想鹰击长空、鱼翔浅底的诗意景象；而是要把他们的关注点从生物的生活史转移到生命设计美学——骨架结构、体色、纹理上来，特别是此处的鸟类，去关注每根羽毛的位置和羽毛之间相互的关系，以及由此组成的整体色彩和图案。由于色彩是我飞鸟系列作品的一个重要展示点，因此绚丽的鹦鹉（钩喙鸟类）就是内容表达的主要载体。可是，我的作品属于封闭装裱的挂墙艺术品，怎样把钩喙鸟类美观地摆放在内衬上就成了需要解决的问题。由于鹦鹉的喙着生位置和形状都很特别，在飞行姿态下它们似乎总是朝下看，而取食软质食物的所谓"软喙鸟类"看上去则是朝向前方。这其实是一种视错觉——位于头两侧的眼睛让这两类鸟都能获得极为广阔的视野。然而当我们把"鼻子"和嘴与面部联系起来时，喙朝向身体下方的钩喙鸟类看起来就像是被拍扁在墙上一样，我感觉观众的注意力会因此被分散，并且多少有点滑稽。所以，在钩喙鸟类作品中，我只留下翅膀和尾羽，头部和躯体就去掉了。在所有的鹦鹉类中这种处理方式都可以很好地展现色彩和纹理，并且不必担心大家对尴尬的体态浮想联翩，这也就是我认为最好的展现方案。

绯红金刚鹦鹉 P120

绯红金刚鹦鹉 *Ara macao*，巴西。感谢命运的垂青，我在美国经常往来合作的机构中，有一家介入了救助金刚鹦鹉的行动。他们在过去的几十年间积存了大约三十只死亡的金刚鹦鹉。这就是其中最完整的那个。在我看来，绯红金刚鹦鹉是地球上最华美的鸟。

彩羽集锦 P121

全球类群。就在几年前，我在父亲的鸟舍间漫步时，偶然拾到一根紫头鹦鹉的尾羽。这根羽毛精美绝伦——即便上面沾着鸟粪。我在早年间曾执着于选用完整的生物体进行创作，虽然动物的局部有时也非常迷人，但我从未动摇这条原则。正因为如此，即便是像羽毛这样最易得、最美丽、最好上手的材料，我还是考虑良久之后才将其纳入创作。

作品尺寸：32 英寸 × 20 英寸

淡头玫瑰鹦鹉 P122

淡头玫瑰鹦鹉 *Platycercus adscitus*，澳大利亚。

红腰鹦鹉 P123

红腰鹦鹉 *Psephotus haematonotus*，澳大利亚。

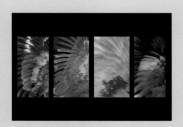

红腰鹦鹉、黄头鹦哥、绿宝石鹦鹉、红胁鹦鹉 P124—125

红腰鹦鹉 *Psephotus haematonotus*，澳大利亚；黄头鹦哥 *Amazona oratrix*，危地马拉；绿宝石鹦鹉 *Neophema pulchella*，澳大利亚；红胁鹦鹉 *Neophema splendida*，澳大利亚。

七彩文鸟博物馆藏品式标本 P126

七彩文鸟 *Chloebia gouldiae*，澳大利亚。这又是一种在自然栖息地濒临灭绝，但在圈养条件下保有大量种群的物种，这归功于澳大利亚、美国和欧洲的繁育机构及个人的努力。在这里我尝试摒弃固有的个人风格，而采用传统博物馆式的展陈方式。大部分知名博物馆都是用这种方式展示鸟类标本的。标本保存和归类的方式都毫不掩饰地表明此处挂着的是一具鸟尸。我觉得有点毛骨悚然。

紫蓝饰雀 P127

紫蓝饰雀 *Granatina ianthinogaster*，乌干达。

彩羽集锦 P128

全球类群。我绝不会给羽毛染色(鸟类、昆虫、矿物、贝壳也一样)。相信我，要是我愿意染色，就能轻而易举地解决创作素材匮乏的问题。
作品尺寸：32 英寸 × 40 英寸

红绿金刚鹦鹉 P129

红绿金刚鹦鹉 *Ara chloropterus*，委内瑞拉。

蓝耳丽椋鸟 P130—131

蓝耳丽椋鸟 *Lamprotornis chalybaeus*，博茨瓦纳。非常遗憾，我很少有机会处理羽色靓丽、中等大小的"软喙鸟类"。除了几种鸽子，人类圈养的"软喙鸟类"很少有羽色靓丽的种类。这里展示的蓝耳丽椋鸟与我作品中的大多数种类恰恰相反——它在野外原生栖息地数量丰富，但很少有人工饲养的个体。

靓鹦鹉 P132—133

靓鹦鹉 *Polytelis swainsonii*，澳大利亚。

公主鹦鹉 P134

公主鹦鹉 *Polytelis alexandrae*，澳大利亚。这是澳大利亚体型最大的长尾鹦鹉之一，而且每种色型都备受追捧。从外向内数第三根初级飞羽的末端有个奇怪的铲状延伸，表明这只公主鹦鹉是雄性。

鸟类馆藏标本集锦 P135

全球类群。帕萨迪纳市有一家名叫

金甲虫（Gold Bug）的店，是这个世界上我最喜欢光顾的地方之一，这幅作品就是店主斯泰西（Stacey）委托我创作的定制作品。他有次旅行来到我的工作室，我们一起讨论了这个想法。在他的督促下，好几个月之后我终于完成了作品并寄了出去。这件作品原本是要和规模庞大（且不断更迭）的其他藏品一起挂在他那些地标性的名店墙上的，但最终没挂出来。这位店主拆开包装只看了一眼，当即决定重新打包并开车将它带回了家。斯泰西，谢谢你，我很荣幸！
作品尺寸：32 英寸 × 40 英寸

绿颊锥尾鹦鹉 P136

绿颊锥尾鹦鹉 *Pyrrhura molinae*，玻利维亚。

红胁绿鹦鹉 P137

红胁绿鹦鹉 *Eclectus roratus*，新几内亚岛。这种鹦鹉非常华丽，体态高大而且十分聪慧，并表现出鹦鹉类中最明显的雌雄二型性。雄性个体呈明亮的翠绿色，搭配亮黄色和翠蓝色的外缘；雌性则以鲜红色为主，搭配蓝紫色的翅缘。真是华美又奇异的伉俪。

MINERALS
矿物

黄头鹦哥 P138—139

黄头鹦哥 Amazona oratrix，危地马拉。局部细节展示。

牡丹鹦鹉三色型 P140—141

粉脸牡丹鹦鹉 Agapornis roseicollis，坦桑尼亚、纳米比亚。

伯氏鹦鹉 P142

伯氏鹦鹉 Neopsephotus bourkii，澳大利亚。

公主鹦鹉 P143

公主鹦鹉 Polytelis alexandrae，澳大利亚。

锌孔雀石 P145

墨西哥。锌孔雀石是一种常与褐铁矿伴生的美丽矿物。前者的铜氧化物和后者的铁氧化物交织在一起，呈现出醒目的绿色和红色大理石纹路，让人仿佛看到了外星生态系统。

更新世洞熊爪 P146

洞熊 Ursus spelaeus，俄罗斯。约 10 万年前。

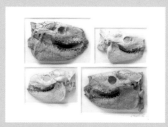

中新世岳齿兽头骨 P147

岳齿兽总科 Merycoidodontoidea，美国。岳齿兽灭绝于约 400 万年前。它们看起来像是几种哺乳动物组合而成的怪兽——一只长着獠牙的野猪，但大小如牛，习性如河马，生活在现代骆驼出现之前。它们灭绝的原因总该不会是身份认同危机吧？这些化石的年龄约为 2000 万年。
作品尺寸：20 英寸 × 24 英寸

中新世硅化珊瑚 P148—149

美国。需要经过近 2000 万年的漫长时光，珊瑚虫才能被二氧化硅所取代，从而形成硅化珊瑚。在所有的硅化珊瑚中，佛罗里达州坦帕湾出产的最为漂亮。这种硅化珊瑚看起来质地细腻，纹理顺滑，七彩绚丽。

三块印度沸石 P150—151

片沸石上的鱼眼石和辉沸石、石英石上的鱼眼石和辉沸石、石英石上的鱼眼石和辉沸石，印度。

白垩纪菊石双拼 P152

菊石 Ammonoidea，马达加斯加。约 1 亿年前。

白垩纪菊石典范 P153

菊石 Ammonoidea，马达加斯加。菊石是现代章鱼和鱿鱼类已灭绝的祖先类群，它们是化石领域中最能激发设计师想象力的产物。菊石的直径小至约 2.5 厘米，大至约 1.2 米。它们有的绚丽如猫眼石，有的暗淡如普通的鹅卵石。对半切开以后则会呈现出多彩的玛瑙状的腔室和隔壁。这些标本生活的年代距今约 1 亿年。
作品尺寸：20 英寸 × 24 英寸（另有 32 英寸 × 40 英寸版本）

玉髓 P154—155

印度。玉髓是隐晶质石英，可以形成多种美丽的形态。玛瑙、东陵玉、红玉髓、血石髓和缟玛瑙均为石英质玉的不同形态。我一直在收集的是这种丝滑温润的半透明类型，我称之为"冰翠玉髓"。

巨齿鲨牙齿、艾氏鱼化石、江汉鱼、菊石 P156

巨齿鲨 Carcharocles megalodon，美国（新生代，约 1000 万年前）；艾氏鱼 Knightia sp.，美国（始新世，约 4000 万年前）；江汉鱼 Jianghanichthys sp.，中国（始新世，约 5000 万年前）；菊石 Ammonoidea，马达加斯加（白垩纪，约 1 亿年前）。

始新世鱼化石集锦 P157

艾氏鱼 *Knightia* spp. 及双棱鲱 *Diplomystus* spp.，美国。格林里弗附近的怀俄明州荒原埋藏着世界上已知规模最大、保存最完好的史前化石动物群之一。
作品尺寸：40 英寸 × 30 英。

贵州龙 P158—159

贵州龙 *Keichousaurus*，中国。很多年前我初次见到贵州龙时，简直不敢相信世界上我最爱的两类生物——巨蜥和恐龙，可以在一种生物体上合而为一，并且普罗大众都有机会一睹其风采。遗憾的是，近些年来严格的法规和日益精湛的伪造技术严重降低了贵州龙的收藏体验，不过它们仍然是前恐龙时代爬行动物中最容易获取、保存最好的完整化石。这些化石距今已有约 2 亿年。

巨齿鲨牙齿 P160

巨齿鲨 *Carcharocles megalodon*，美国。

巨齿鲨牙齿集锦 P161

巨齿鲨 *Carcharocles megalodon*，美国。巨齿鲨通常被认为是有史以来体型最大的捕食者，它相当于一条长约 18 米、以捕鲸为生的大白鲨。世界上保存最好的巨齿鲨牙齿化石发现于北卡罗来纳州的河流中。这些化石距今约 500 万年。

孔雀石与蓝铜矿 P162

刚果民主共和国。

片沸石与鱼眼石 P163

印度。

黄铁矿立方晶体 P164—165

西班牙。1960 年，佩德罗·安索雷纳·加雷特（Pedro Ansorena Garret）在西班牙纳瓦洪附近的阿尔卡拉马山脉发现了一个山洞，里面有最原始的天然形成的黄铁矿立方晶体样本。如图所示，它们未经人工切割和抛光。
作品尺寸：20 英寸 × 24 英寸（另有 16 英寸 × 20 英寸版本）

双头猩红王蛇 P167

猩红王蛇 *Lampropeltis elapsoides*，美国。虽然多头的蛇确实很罕见，但蛇类与龟类是最可能天生出现双头的生物。就蛇而言，许多双头蛇可以长到成年，而且两个头都功能正常，可以进食并指挥躯体运动。

虫纹宝相花 P168

由内向外：金秀星天牛 *Calliplophora sollii* [6]，泰国；瓢虫 Coccinellidae sp.，印度尼西亚；小蠹虫 Scolytinae sp.，喀麦隆；缬草青粉蝶 *Pareronia valeria*，印度尼西亚；长毛星天牛 *Anoplophora longehirsuta*，马来西亚；丽金龟 Rutelinae sp.，泰国。
作品尺寸：20 英寸 × 20 英寸

蓝色型红领绿鹦鹉 P169

红领绿鹦鹉 *Psittacula krameri*，缅甸。

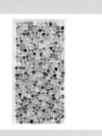

蓝宝石原石　P170

马达加斯加。我的初心是让人们关注那些不起眼或被低估的自然之物，并提高大众对自然美的欣赏力，所以我一直都避免使用贵重的宝石。不过在大约八年前，我曾短暂涉猎过蓝宝石、红宝石和钻石原石领域，也因此对这些价值不菲的天然工艺品有了更多理解和尊重。但后来我还是放弃了这个类别。这堆原石重 190 克拉。
作品尺寸：16 英寸 × 20 英寸

蜡蝉集锦　P171

蜡蝉科 Fulgoridae：蜡蝉属 *Fulgora*、东方蜡蝉属 *Pyrops* 和翘鼻蜡蝉属 *Phrictus*，泰国、印度尼西亚、马来西亚、秘鲁。
作品尺寸：30 英寸 × 24 英寸

黑色型鸡尾鹦鹉　P172

鸡尾鹦鹉 *Nymphicus hollandicus*，澳大利亚。

黑色眼镜蛇　P173

印度眼镜蛇 *Naja naja*，巴基斯坦。

蓝玉髓　P174

印度。

银色粉蝶　P175

缬草青粉蝶 *Pareronia valeria* 和草青粉蝶 *Pareronia tritaea*，马来西亚、印度尼西亚。
作品尺寸：24 英寸 × 30 英寸

帝王海菊蛤　P176

帝王海菊蛤 *Spondylus imperialis*，菲律宾。

永生蝴蝶兰　P177

蝴蝶兰属 *Phalaenopsis*，加里曼丹岛。蝴蝶兰属的兰花非常难以保存。虽说大多数兰花可以冷冻干燥，但我总是很难处理好蝴蝶兰。为此我试了不同的药剂、干燥介质以及温度组合，最后终于得到了一些保存完美的花。这件标本在拍摄时已经存放了 5 年之久，依然栩栩如生。

限量版天牛集萃　P178

天牛 Cerambycidae sp.，亚洲、非洲。
作品尺寸：32 英寸 × 40 英寸

红尾蚺　P179

红尾蚺 *Boa constrictor*，苏里南。

七彩文鸟　P180

七彩文鸟 *Chloebia gouldiae*，澳大利亚。
作品尺寸：11 英寸 × 14 英寸

亚马孙蝗虫　P181

淡足泰坦花癫蝗 *Titanacris albipes*，厄瓜多尔。这也许是世界上观赏价值最高的蝗虫了，它们的分布范围较狭窄，只集中在南美洲西北部一带。目前尚未发现它们有群体发生的习性，因此并未被列为农业害虫。

凯门蜥　P182

凯门蜥 *Dracaena guianensis*，哥伦比亚。虽然凯门蜥在野外并不罕见，但是圈养个体难得一见。对场地的极端要求、强大的咬合力和挑剔的食性（它们几乎只吃蜗牛类）让它们难以进行人工饲养，只有设施最完善的机构才能饲养凯门蜥。

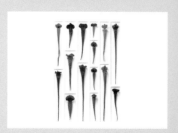

瓶子草集锦　P183

瓶子草 *Sarracenia* sp.，美国。瓶子草是一类食虫植物，分布在美国东部的沼泽和湿地中。其原生地的土壤大多十分贫瘠，因此瓶子草需要一些"额外的"营养。昆虫被芳香的甘露诱引到光滑的陷阱边缘，当它们失足落入囊中时，内壁倒生的毛刺可以阻止它们爬出来。这些昆虫会被消化酶分解，营养被植物吸收利用。瓶子草属的多数种类在联邦政府和国际层面都受到保护。因此我们的创作材料来自宾夕法尼亚州的温室和苗圃。瓶子草的叶片（捕虫囊）每年要修剪两次，这种修剪不会损害植物。
作品尺寸：32 英寸 × 40 英寸

海胆球拼嵌　P184

海胆 Echinoidea sp.，菲律宾、泰国、墨西哥、美国。海胆的壳呈五辐射对称，在去掉体表的棘刺之前很难看出这一点。这种五辐射对称是一种精妙的设计，为浑圆的球体增加了棱角。
作品尺寸：32 英寸 × 40 英寸

犀咝蝰　P185

犀咝蝰 Bitis nasicornis，中非。

蓝蕉鹃　P186

蓝蕉鹃 Corythaeola cristata，刚果民主共和国。蓝蕉鹃是鹃形目 Cuculiformes 中体型最大的种类，尽管在非洲地区常被端上餐桌，但在非洲以外极少有人工饲养的个体。

色蟌金泽　P187

自上而下：华艳色蟌 Neurobasis chinensis（雌虫），马来西亚；台湾细色蟌 Vestalis luctuosa，印度尼西亚；莱氏溪蟌 Euphaea laidlawi，菲律宾。
作品尺寸：16 英寸 × 20 英寸

食虫瓶子草　P188

瓶子草 Sarracenia sp.，美国。
作品尺寸：16 英寸 × 20 英寸

拟叶螽　P189

海格力斯拟叶螽 Pseudophyllus hercules，泰国。

蝴蝶鱼　P190

蝴蝶鱼 Chaetodon sp.，夏威夷。

眼镜蛇人造化石　P191

眼镜蛇 Naja sp.，马来西亚。我把处理好的眼镜蛇骨架包埋在人造岩石中，这样就能做出仿制化石了。这些人造化石看起来就像是完美无瑕的化石！
作品尺寸：32 英寸 × 40 英寸

乳白型东澳玫瑰鹦鹉　P192

东澳玫瑰鹦鹉 Platycercus eximius，澳大利亚。

斑斓海胆壳　P193

美拉迪腔海胆 Coelopleurus maillardi，菲律宾。这是一种深海海胆（生活在水下 140 米深处），具有醒目的红色和黄色棘刺。剥下棘刺以后，就露出了斑斓的海胆壳。

陆龟集锦　P194

西非豹纹陆龟指名种 Stigmochelys pardalis pardalis，非洲；红腿陆龟 Geochelone carbonaria，委内瑞拉；印度星龟 Geochelone elegans，印度。
作品尺寸：30 英寸 × 12 英寸

鲀　P195

叉鼻鲀 Arothron sp.，印度尼西亚。鲀科 Tetraodontidae 的河鲀类号称拥有世界上排名第二的致命毒素。不过有些地方的人们依然抵挡不了河鲀鲜美的诱惑，当然这需要精湛的刀工来处理食材。假如技艺不佳，开个金枪鱼罐头解馋也未尝不可。

甲虫彩拼棱晶　P196

由内向外：萝藦肖叶甲 *Chrysochus* sp.，印度尼西亚；紫斑金吉丁甲 *Chrysochroa buqueti rugicollis*，泰国；紫蓝金吉丁甲西山氏亚种 *Chrysochroa fulminans nishiyamai*，印度尼西亚；荒漠弗粪金龟 *Phelotrupes armatus*，日本。
作品尺寸：16 英寸 × 20 英寸

永生大丽花　P197

美国。像我这样生活在郁郁葱葱的威拉米特河谷的人，很容易接受花朵的熏陶。我们那里的农户每年都要种植数千英亩的郁金香、大丽花、蔷薇、鸢尾、水仙花和杜鹃花——种类不胜枚举。因此，学习花朵的长久保存技巧似乎是一项非常自然的功课。以大丽花为例，冷冻干燥的效果最好，多数种类和品系都可以这样处理——至少短期保存没有问题。然而，很多干燥的花朵并不能无限期保存，即使是在我特制的密封框内也不行，因此这类作品必然都是限量版的。

玉髓上的鱼眼石　P198

印度。

绿树蟒　蓝色型　P199

绿树蟒 *Morelia viridis*，澳大利亚。很多人都知道，怀卵的绿树蟒雌性体色会变为深蓝色，虽然通常在产卵后很快就能恢复原本的绿色。不过还有一种非常罕见的"深蓝"色型也会呈现美丽的蓝色，这件标本据信就是这种罕见色型。

白垩纪菊石摆件　P200

菊石 Ammonoidea，马达加斯加。

鹦鹉螺摆件　P201

珍珠鹦鹉螺 *Nautilus pompilius*，菲律宾。

石盐　P202

墨西哥。石盐只是盐矿石的雅称。盐晶体属于对称程度最高的等轴晶系，从而成为最规则、最稳固、最理想的完美晶体之一。可是，盐结晶非常不稳定——如果湿度控制不好，晶体很容易碎裂或崩解。我正在想办法将这种家常调料的优质一面稳定地表现出来，希望以后能创作出更多作品。

大壁虎　P203

大壁虎 *Gekko gecko*，新几内亚岛。体型大、叫声大、脾气大，因此大壁虎也叫"蛤蚧"（geckos）。蛤蚧这个词的发音应该就来源于它们喧闹的叫声（尽管英语中"gecko"的发音对我而言更像一只树蛙的怒吼）。虽然外形华丽，但大壁虎颠覆了壁虎类温和的形象。它的咬合力量强大而且攻击性，足以让它区分于其他壁虎类，从而被划分到一个以 Gekko 为名的属级分类单元。

锌孔雀石　P204

墨西哥。

虫纹宝相花　P205

由内向外：格拉菲星天牛 *Anoplophora graafi* [7]，马来西亚；星空并脊天牛 *Glenea celestis*，印度尼西亚；瓢虫 Coccinellidae sp.，印度尼西亚；长毛星天牛 *Anoplophora longehirsuta*，马来西亚；草青粉蝶 *Pareronia tritaea*，印度尼西亚；荒漠弗粪金龟 *Phelotrupes auratus*，日本；盾蝽 Scutelleridae sp.，印度尼西亚。
作品尺寸：24 英寸 × 24 英寸

金色型红领绿鹦鹉　P206

红领绿鹦鹉 *Psittacula krameri*，印度。这是一种稀有色型。这个物种通常是灰绿色的，偶尔发生的变异个体也多为蓝色，这种金色型十分罕见。

响尾蛇　P207

西部响尾蛇 *Crotalus oreganus*，美国西部。尽管响尾蛇是美国原生物种，但跟我用于创作的所有爬行动物一样，其原材料都来自繁育机构。这条响尾蛇是从有毒爬行动物博物馆获得的。

精致腔海胆 P208

精致腔海胆 *Coelopleurus exquisitus*，新喀里多尼亚。这些海胆生活在海面以下约 518 米深处，因此获取这些标本非常困难，正如要相信它们色彩斑斓的内壳是完全自然形成的一样。这是一个 2006 年才正式发表的新物种。

尾萼兰永生花 P209

尾萼兰 *Masdevallia* sp.，厄瓜多尔。经过我特别的药浸、硅酸干燥和高温处理，这枚兰花保存得非常出色。这枚标本在拍摄时已经保存了将近 5 年。

杰克逊变色龙 P210

杰克逊三角避役 *Trioceros jacksonii*，肯尼亚。

海胆球 P211

海胆 *Echinoidea* sp.，泰国、菲律宾、美国、墨西哥。
作品尺寸：32 英寸 × 40 英寸

绡眼蝶 P212

红晕绡眼蝶[8] *Cithaerias pireta*，秘鲁。作品尺寸：16 英寸 × 20 英寸（另有 20 英寸 × 24 英寸版本）

蔷薇怒放 P213

蔷薇 *Rosa* spp.，委内瑞拉。这件作品由地球上最为人熟知的花组成，似乎多少有悖于我展现稀有与珍奇的自然之物的主旨。确实如此。不过我还是任性地认为这些簇拥在一起的花朵无比迷人。

马蹄蟹编队 P214

中华鲎 *Tachypleus tridentatus*，菲律宾。
作品尺寸：24 英寸 × 30 英寸

小长尾鸠 P215

小长尾鸠指名亚种 *Oena capensis capensis*，埃及。

黄金蟒 P216

缅甸蟒 *Python bivittatus*，越南。黄金蟒就是白化的缅甸蟒。近年缅甸蟒受到不少批评，在本书出版之际，它在美国可能将彻底被认定为非法饲养物种[9]。这真是悲哀（而且完全是南部某些一时兴起的爬宠饲养者不负责任的放生行为带来的恶果，导致那里的圈养种群在野外定殖并成为入侵物种）。尽管如此，它们仍然很美，也是地球上最大蛇类之一。在圈养种群中，白化品系与普通品系一样常见，这完全归功于 1983 年从泰国进口并成功繁育的一条白化缅甸蟒。

永生蚁兰 P217

克氏蚁兰 *Myrmecophila christinae*，委内瑞拉。这又是一件保存五年之后再拍摄的作品。除了略微有些褪色，其他方面依然完美如初——尽管它就摆放在我的工作室中，毫无保护地绽放至今。

片沸石上的水硅钒钙石和辉沸石 P218

印度。我非常荣幸能与印度矿物标本的"正规军"一起共事。他们的勤奋、专业和博学无与伦比。本着互惠互利的原则，他们会跟随全国各地的施工队和重大基建工程，在机器开掘出矿物晶体的时候前去收集这些标本。过去二十多年来，很多宝贵的标本就得益于他们的发掘和抢救。

色螅菱形方阵 P219

莱氏溪螅 *Euphaea laidlawi*，菲律宾。
作品尺寸：30 英寸 × 40 英寸

鞭蛛 P220

秘鲁红巨人鞭蛛 *Phryna grossetaitai*，秘鲁。虽说我的恐虫症早已痊愈，但这个物种还是吓到我了。尽管完全无害，可是它们体型巨大、行动敏捷，而且只在狭窄阴暗的地方栖息——你一定不希望在那种地方遇到它们。因此就算我在秘鲁的采集员连年供应它们的标本，我也没有兴趣整理制作。后来我遇到了那个在《冒险极限》（*Fear Factor*）第一季中因吞吃活鞭蛛而获胜的冠军。我认为每个（这里可以随便加上形容词：勇敢的、失常的、疯狂的）人被他的节目震慑后都值得留下一件精神纪念品。在做好第一枚标本后，我惊喜地发现，在精确的对称和适度的衬托中，即使是像鞭蛛这般可怖的生物也能呈现一定的精美，尽管精美的程度不算多。

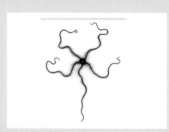

海蛇尾 P221

两面鞭蛇尾 *Ophiomastix janualis*，加里曼丹岛。这是一种在东马来西亚的哥打基纳巴卢附近的珊瑚礁中常见的动物，在某些夜晚，那边近岸 5 到 10 米深的浅海到处都爬满了这种生物。

彩羽集锦 P222

全球类群。我的羽毛系列作品有多种规格。这些羽毛都是自然脱落的，从各地的鸟舍收集而来。
作品尺寸：20 英寸 × 24 英寸

限量版瑰丽满园 P223

全球类群。如果让我选出迄今最珍贵的昆虫作品，大概就是这件限量版瑰丽满园了。我的甲虫拼嵌系列是将全世界最艳丽多彩的鞘翅类拼嵌在一起，而瑰丽满园系列则青出于蓝而胜于蓝，作品不仅仅收集了大量艳丽的甲虫，还将全世界最漂亮的蝴蝶、蜜蜂、胡蜂、蝇类、日行蛾类以及世界上唯一一具有金属色泽的螳螂等一切昆虫的吉光片羽，尽皆收列于这尺寸方圆之内。
作品尺寸：24 英寸 × 30 英寸

玉米锦蛇 P224

玉米锦蛇 *Pantherophis guttatus*，美国。虽然人工培育的玉米锦蛇已经有超过 50 种花色，但野生型的原始花色依然非常有吸引力。

钒铅矿 P225

摩洛哥。一种较稀有的矿物，与磷灰石性质相似。

红颜棱晶花 P226

由内向外：红阔花金龟 *Torynorrhina flammea*，泰国；华丽娄吉丁甲 *Belionota sumptuosa*，印度尼西亚；血漪蛱蝶 *Cymothoe sangaris*，中非；叶甲 Chrysomelidae sp.，印度尼西亚；花金龟 *Dymusia variabilis*，喀麦隆。
作品尺寸：16 英寸 × 20 英寸

朱红型东澳玫瑰鹦鹉 P227

东澳玫瑰鹦鹉 *Platycercus eximius*，澳大利亚。

地毯蟒 P228

地毯蟒丛林亚种 *Morelia spilota cheynei*，澳大利亚。这是一种高贵而脾气略差的物种。与其他的树栖蟒蛇一样，它的长牙有助于它在捕猎时高效地刺穿鸟类的羽毛和蝙蝠的皮毛。

硫黄竹节虫 P229

黄伞竹节虫 *Tagesoidea nigrofasciata*，菲律宾。

长角天牛 P230

长角天牛 *Gerania bosci*。常见于泰国北部，在晴朗的清晨常飞舞于花丛中。

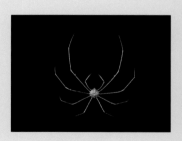

纤足蜘蛛蟹 P231

锐刺长蹒蟹 *Phalangipus hystrix*，菲律宾。这是一种华丽精致而纤弱的小型食腐动物。它们似乎没什么偏好，在整个亚洲海域，不论温暖还是寒冷、浅滩还是深海，到处都有它们的踪迹。虽然体型只有 3 厘米左右，但足展可以横跨 30 厘米之宽。

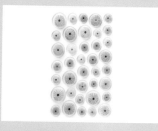

海胆马卡龙　P232

梅氏长海胆 Echinometra mathaei，菲律宾。真是令人难以置信，整幅作品只用一种海胆的天然外壳，就能实现色彩斑斓的效果。这种海胆是设计师理想的材料，从非洲到夏威夷，它们的大小和体色丰富多变，每一只都让人赏心悦目。

片沸石和辉沸石　P233

印度。

太阳棱晶花　P234

由内向外：柔菲粉蝶 Phoebis rurina，秘鲁；杏菲粉蝶 Phoebis argante，秘鲁；黄纹菲粉蝶 Phoebis philea，秘鲁；白翅尖粉蝶 Appias albina，菲律宾；腊琉璃灰蝶 Celastrina ladon，美国。
作品尺寸：24 英寸 × 24 英寸

高冠变色龙　P235

高冠变色龙 Chamaeleo calyptratus，马达加斯加。我常惊异于一些变色龙在制成标本后的体色。除了一些预处理和后续步骤，制作这些标本还需要经历长达 8 周的冷冻干燥。当我处理完成以后，它们将能长久保存。不过所有的颜色都一样，总会随着时间的流逝而褪去或改变，我无法保证这些变色龙会永葆鲜艳，这取决于它们接受的光照来源和强度。但在某些变色龙标本中，我的确发现了一些色彩的变化，就好像它们生前那样。这似乎有违常理，特别是对这样一个需要通过神经和激素调节伪装色的物种而言，可我无法解释这种复杂的色彩变化。这当然是个值得进一步研究的现象。

志留纪海百合化石　P236

钵体海百合 Scyphocrinites sp.，摩洛哥。这是一种已灭绝的海洋动物，与现生的海羊齿亲缘关系较近。这件化石标本距今已有 4.25 亿年。

藤蛇　P237

马来瘦蛇 Ahaetulla mycterizans，马来西亚。这种蛇真是让人神魂颠倒，它身姿轻盈，能用细长有力的尾部缠绕在栖枝上，然后将大部分身体向空中水平伸展。它们具有轻微毒性，仅捕食蜥蜴和蛙类，并不适合作为宠物饲养，不过也是少数几种在野外观察更引人入胜的生物之一。

永生堇花兰　P238

堇花兰 Miltonia sp.，巴西。"永生"二字在此处有些多余，因为本书中的每件有机体都是经过处理、可以长久保存的，不过我制备的堇花兰干花有些格外完美，除非用手触摸，否则无法分辨它与鲜花有何区别。它们也非常的耐久，有的历经五年甚至更久也基本没变色。不可思议的是，还有的甚至能长久地保持余香。

红宝石原石　P239

马达加斯加。红宝石是世界上莫氏硬度排名第三的矿物，也是四大宝石之一，本质上是红色或者粉色的蓝宝石。红宝石的红色越浓郁，其价值就越高。这堆原石重 180 克拉。
作品尺寸：16 英寸 × 20 英寸

热带鱼荟萃　P240

全球类群。为了尽可能回收利用每一枚珍奇的生物体标本，近些年我开始与水族馆以及鱼类研究中心这样的机构合作。他们会把刚死亡的个体冷冻并寄到我在俄勒冈州的工作室，一旦收到样品，我和团队成员就立刻着手制作标本。制作鱼类标本最大的问题是几乎每条鱼都会褪色，而且速度很快。我并不想得到一件由面疙瘩一样的苍白有机体拼贴而成的作品，因此我们尝试用一些非常规的药剂对标本进行处理，最终发现这在给热带鱼"定色"方面非常有效。这些技术仍然在不断改进，不过已能看到一些成功的迹象。这件作品是用首批成功保色的标本制作的。也许与我其他的初创作品一样，在本书出版时，它可能已经失去了华彩，但我仍为它感到骄傲。
作品尺寸：32 英寸 × 40 英寸

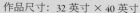

花斑型红腰鹦鹉　P241

红腰鹦鹉 Psephotus haematonotus，澳大利亚。在绯红金刚鹦鹉之外，这似乎是我有幸处理过的最美的标本。我从加利福尼亚州南部一家久负盛名的机构获得了这件标本，这只鸟的死亡一定让人非常悲痛。红腰鹦鹉有几十种绚丽的花色品系，是我个人最喜欢的鸟类。

球蟒 突变色型 P242

球蟒 *Python regius*，加纳。这是一种怪异的色型——既不是白化露西型（leucistic）也不算白化型（albino）。与之最接近的色型是火细纹（fire）和黄蜂型（bee）[10]。

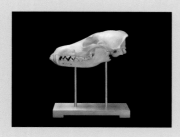

郊狼 P243

郊狼 *Canis latrans*，美国。郊狼是一种适应性极强的犬科动物，广泛分布于北至阿拉斯加、南至巴拿马的北美大陆，即使人类活动侵占了它们的领地，郊狼的数量也确实正在上升。郊狼对生存环境的变化表现出非凡的适应能力，并且在都市中似乎和在野外一样逍遥自在。在北美地区，它们是家畜最常见的天敌，为了保护牧场的家畜，牧民需要与郊狼不断地斗争。美国政府每年会杀死约9万头郊狼。因此，我有充足的机会回收利用郊狼遗骸。

蜡蝉棱晶花 P244

东方蜡蝉 *Pyrops* spp.，印度尼西亚、泰国。

变装蟹三色型 P245

粗甲裂颚蟹 *Schizophrys aspera*，菲律宾。

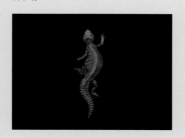

撒哈拉刺尾蜥 P246

撒哈拉刺尾蜥 *Uromastyx geyri*，阿尔及利亚。

红鸟翼凤蝶 P247

红鸟翼凤蝶 *Ornithoptera croesus*，巴布亚新几内亚。

花斑粉脸牡丹鹦鹉 P248

粉脸牡丹鹦鹉 *Agapornis roseicollis*，纳米比亚。牡丹鹦鹉是一种聒噪、爱社交、喋喋不休的鸟，在宠物界俗称爱情鸟，之所以叫这个名字想必是因为它们睡觉的时候总是彼此依偎在一起。

初孵绿树蟒 P249

绿树蟒 *Morelia viridis*，澳大利亚。

霸王角蛙 P250

霸王角蛙 *Ceratophrys cornuta*，苏里南。这是我首次尝试制作两栖动物标本。我非常意外地发现，大众的恐蛙症（ranidaphobia）也非常普遍。我已记不清遇到过多少次了，在四周挂满吓人的甲虫、无头的鸟尸以及致命的毒蛇的展厅里，却有一个胆怯的人靠过来，一边斜着眼睛偷瞄一边急切地小声问："你们这儿不会还有青蛙吧？"每次我都觉得很奇怪——为什么会有人害怕青蛙呢？直到后来，我遇到了亚马孙的霸王角蛙，我怀疑这就是一切大惊小怪的源头所在。霸王角蛙是一种具有攻击性的杂食性动物，它们捕食一切可以用其血盆大口吞下的东西。蜥蜴、蛇、大型昆虫、啮齿动物——在贪婪的霸王角蛙面前都是食物。尽管它们对人是无害的，也许只是想象（或谈论）一下被这种滑腻腻的无牙两栖动物吞噬的感觉，就足以让人们对蛙类望而却步了。

非洲蝶螺 P251

棱蝶螺 *Turbo sarmaticus*，南非。只要扫一眼这种巨型蜗牛的属名（Turbo，意为涡轮增压器），你就能发现一个罕见而有趣的分类学命名实例。我不知道这样的名字是怎么通过管理委员会评议的，但我需要向这位命名人致敬，真是一位充满幽默感的分类学家！

澳大利亚虎皮鹦鹉 P252

虎皮鹦鹉 *Melopsittacus undulatus*，澳大利亚。虎皮鹦鹉是世界上除了狗和猫以外最常见的宠物。虽然野生型都是黄绿花色的个体，但在人工饲养环境中已经选育出了蓝色、黄色、绿色、灰色、紫色和白色品系并具有无限组合的花色。虎皮鹦鹉感情丰富又聪慧，还可以高度准确地模仿人类说话。

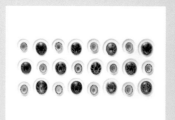

帽贝 P253

笠形腹足目 *Patellogastropoda* sp.，太平洋。帽贝是一种可行走的小斗笠状的腹足类动物，它们能以不可思议的强大力量附着在潮间带的坚硬物体表面，并刮取上面的藻类为食，也因此而闻名。它们利用足的吸附力和黏液的粘合力，几乎把自己与岩石表面融为一体。当它们紧紧吸附在岩石上时，几乎不可能把它们拿下来。

皱颈巨蜥　P254

皱颈巨蜥 *Varanus rudicollis*，缅甸。我个人很喜欢皱颈巨蜥，它是一种活泼、聪明、喜欢树栖的蜥蜴，体长可达 1.5 米。像图中这样幼年个体的斑纹在深色的成体中就不再明显。

眼环蝶集锦　P255

眼环蝶 *Taenaris* sp.，印度尼西亚、巴布亚新几内亚。

蝴蝶花开　P256

菲律宾、秘鲁、印度尼西亚、法国。

蓝黄金刚鹦鹉　P257

蓝黄金刚鹦鹉 *Ara ararauna*，玻利维亚。蓝黄金刚鹦鹉是大型、健硕、聪慧的鸟，常被人养为爱宠，因它们能与主人共同起居、一起进餐并参与其他的日常活动，从而建立起牢固的关系。它们非常长寿，所以我也很难获得标本。

火焰虾　P258

锯齿双鞭虾 *Lysmata debelius*，斯里兰卡。这是一种羞怯的腐食动物，有浓烈的体色，还能清除共栖动物体表的鳞片和寄生虫，深受海缸玩家们的喜爱。

花岗岩上的速成晶体　P259

捷克。本书涉及的其他动植物和矿物标本都是纯天然的，但这件方解石是个例外，它是由我在捷克的一位合伙人在花岗岩上"速成"，或者说通过实验室方法培育出来的。虽然我做的是自然之物系列，但看在这么华丽的份上，把一件得到人类力量小小帮助的自然物品纳入到本书中，应该能得到谅解吧。我

下不为例。

蜡蝉集锦　P260

斯蜡蝉 *Scamandra* sp.，梵蜡蝉 *Aphaena* sp.，丽蜡蝉 *Kalidasa* sp.，悲蜡蝉 *Penthicodes* sp.，马来西亚、印度尼西亚、泰国。人们经常问我，这些是什么昆虫，并质疑它们艳丽的颜色是否是天然形成的。对于第一个问题我可以这样回答：这些是半翅目（Hemiptera）的昆虫。在英语环境中，很多人认为"Bug"是泛指所有让人讨厌的小虫子，但这个词其实单指一类具有刺吸式口器、刺穿植物（或其他节肢动物）体表吸取汁液（而不是用口器咀嚼）的一类昆虫。至于它们绚烂的体色……这个问题，你可能要去问造物主了。

锌孔雀石　P261

墨西哥。

1. 1 英寸 =2.54 厘米，因作者是按照英制规格比例设计作品的，故这里保留原单位而不换算为厘米。

2. 原文标注为突眼蝇 Diopsidae sp.，译者认为物种鉴定有误。

3. 作者将其学名标注为 Calloplophora sollii，但腹毛天牛属 Calloplophora 已被列为星天牛属 Anoplophora 的异名，故修订为 Anoplophora sollii。

4. 原文标注为稻铁甲 Dicladispa sp.，译者认为物种鉴定有误。

5. 大发生期指昆虫数量爆发、种群密度异常增长的时期。

6. 作者将其学名标注为 Calloplophora sollii，但腹毛天牛属 Calloplophora 已被列为星天牛属 Anoplophora 的异名，故修订为 Anoplophora sollii。

7. 作者将其学名标注为 Calloplophora graafi，但腹毛天牛属 Calloplophora 已被列为星天牛属 Anoplophora 的异名，故修订为 Anoplophora graafi。

8. 原文标注为紫珠绡眼蝶 Cithaerias pyropina，译者认为物种鉴定有疑问，修订为红晕绡眼蝶 Cithaerias pireta。

9. 为保护本国生态安全，美国于 2012 年 1 月颁布法条禁止蟒蛇入境，随后几年美国将境内的蟒蛇认定为入侵物种并开展灭杀行动，而本书英文原版出版于 2015 年。

10. 这些类型是爬宠爱好者对不同花色品系球蟒的专用称谓。

PLACE NAMES

地名中英文对照

阿尔卡拉马山脉　Alcarama Mountains

阿里卡　Arica

阿鲁群岛　Aru Islands

阿塔卡马沙漠　Atacama Desert

安托法加斯塔　Antofagasta

布通　Buton

哥打基纳巴卢　Kota Kinabalu

格林里弗　Green River

哈马黑拉岛　Halmahera Island

赫莫萨比奇　Hermosa Beach

朗布隆岛　Romblon Island

马鲁古群岛　Maluku Islands

民都洛岛　Mindoro

摩罗泰岛　Morotai Island

纳瓦洪　Navajún

帕萨迪纳　Pasadena

塞兰岛　Seram

桑德斯剧院　Sundance Theatre

坦帕湾　Tampa Bay

威拉米特河谷　Willamette Valley

锡穆克岛　Pulau Simuk Island

＊　对于许多生物来说，其分布不因人为划定的国界而受限，却往往因海洋的隔离而受限于岛屿边界，因此当一幅作品中用到的素材较多时，作者标注的产地中就会同时出现国家名与地理名。为了避免将地理名强行替换为国家名造成的科学性错误，本书仍然保留了原书这种国家名与地理名混用的情况。

ACKNOWLEDGMENTS

致谢

没有哪位艺术家、设计师、摄影师，或者标本师能独自一人完成自己的创作。我很幸运，能与这么多才华横溢又勤恳踏实的人们共事。我想公开感谢所有在本书问世的过程中付出努力的人，尤其是功不可没的以下几位：

运营吉隆坡工作室至少十年的德农·吴（Dennon Ng），他的高效和成就远超我的期待和想象，他那异乎寻常的坚毅和忠诚时常鼓舞着我。由阿特拉斯（Atlas）、诺尔（Nor）、戴安娜（Diana）、洛（Low）和辛辛（Zin Zin）带领的吉隆坡团队勤勉而细致，简直是一支神奇的队伍。

卡里尔·温克勒（Carrie Winkler）是我在美国的工作室经理兼私人助理，要是没有她的帮助，恐怕很多事都会不了了之。我很感激她极具天赋又孜孜不倦的工作。在研发环节，塞思·里德（Seth Reed）是我紧密的工作伙伴，他总是能破解那些最困难的工序，是不可多得的人才。我在美国本土的团队还包括工艺师、装裱师及工作室职员，他们的才华和责任心都无与伦比。

感谢我在这个领域认识的所有个人和机构，他们花费大量的时间对这些不可思议的生物进行研究、探索、发现、分类、饲养，或是关注、学习，他们的工作是我能愉快创作的基础。

感谢艾布拉姆斯出版社（Abrams）的埃里克·希默尔（Eric Himmel）、塞比特·米恩（Sebit Min）、阿涅特·西尔纳－布鲁德（Anet Sirna-Bruder）和迈克尔·克拉克（Michael Clark）。

梅拉妮·托马诺夫（Melanie Tomanov）和苏珊·格罗德（Susan Grode）是世界顶级的知识产权代理人和版权律师，他们花了很多时间和精力指导我们。我再次感谢二位！

我要感谢我的妻子——美丽动人的马利夫人，她几乎是一个人挑起了家庭的重担，并在这个最重要的"实验室"里培养出了四个地球上最吵闹也最可爱的"小动物"。我会永远爱她。

最后，我要感谢创造一切精美之物的造物主。我无法想象造物主是怎么设计这一切的，但我想那一定是一次盛大的灵感迸发。

克里斯托弗 · 马利
Christopher Marley

图书在版编目（CIP）数据

生命绽放：克里斯的自然艺术 /（美）克里斯托弗·
马利著；王建赟译 . — 长沙：湖南科学技术出版社，
2024. 8. — ISBN 978-7-5710-3016-2

Ⅰ . Q95-49

中国国家版本馆 CIP 数据核字第 20241TA310 号

著作版权登记号：18-2024-070

SHENGMING ZHANFANG: KELISI DE ZIRAN YISHU

生命绽放：克里斯的自然艺术

著　　者：［美］克里斯托弗·马利
译　　者：王建赟
出 版 人：潘晓山
总 策 划：陈沂欢
策划编辑：董佳佳　邢晓琳
责任编辑：李文瑶
特约编辑：曹紫娟
图片编辑：贾亦真
营销编辑：王思宇　郑冉钰
版权编辑：刘雅娟
责任美编：彭怡轩
装帧设计：何　睦　李　川
特约印制：焦文献
制　　版：北京美光设计制版有限公司
出版发行：湖南科学技术出版社
地　　址：长沙市开福区泊富国际金融中心 40 楼
网　　址：http://www.hustp.com
湖南科学技术出版社天猫旗舰店网址：
　　　　　http://hukjcbs.tmall.com
邮购联系：本社直销科 0731-84375808
印　　刷：北京华联印刷有限公司
版　　次：2024 年 8 月第 1 版
印　　次：2024 年 8 月第 1 次印刷
开　　本：635mm×1050mm 1/8
印　　张：36
字　　数：275 千字
书　　号：ISBN 978-7-5710-3016-2
定　　价：238.00 元